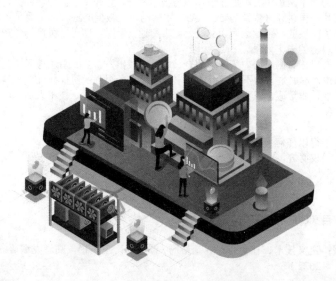

区块链实战
定义技术、社会与行业新格局

谭宜勇　王小彬　高泽龙　编著

电子工业出版社

Publishing House of Electronics Industry

北京·BEIJING

内 容 简 介

区块链是一个全新的概念，具有去中心化、开放性、不可篡改、安全可靠等特征。本书从多个角度出发详细解读这个概念。

本书分为上下两篇。上篇是理论知识与技术融合，先介绍了区块链的关键概念、运行逻辑及发展现状，再讲述区块链与 5G、AI、物联网、大数据的融合。下篇是场景实战与未来前景，罗列了区块链在企业运营、文娱、城市交通、金融、慈善、医疗等领域的落地，同时还分析了区块链的未来前景。

本书坚持以读者为中心，从技术融合、场景实战出发，全面阐述与区块链相关的知识与案例。可以说，本书是一本不可多得的好书，不仅具备很强的可操作性，还具备了一定的前沿性与时代性，非常适合研究和实施区块链的管理者、企业家、技术人员，以及对区块链感兴趣的人群阅读。

未经许可，不得以任何方式复制或抄袭本书之部分或全部内容。

版权所有，侵权必究。

图书在版编目（CIP）数据

区块链实战：定义技术、社会与行业新格局 / 谭宜勇，王小彬，高泽龙编著. —北京：电子工业出版社，2022.1

ISBN 978-7-121-42627-8

Ⅰ. ①区… Ⅱ. ①谭… ②王… ③高… Ⅲ. ①区块链技术 Ⅳ. ①TP311.135.9

中国版本图书馆 CIP 数据核字（2022）第 015183 号

责任编辑：刘志红（lzhmails@phei.com.cn）
印　　刷：涿州市京南印刷厂
装　　订：涿州市京南印刷厂
出版发行：电子工业出版社
　　　　　北京市海淀区万寿路 173 信箱　邮编　100036
开　　本：720×1 000　1/16　印张：13　字数：208 千字
版　　次：2022 年 1 月第 1 版
印　　次：2022 年 1 月第 1 次印刷
定　　价：98.00 元

凡所购买电子工业出版社图书有缺损问题，请向购买书店调换。若书店售缺，请与本社发行部联系，联系及邮购电话：(010) 88254888，88258888。

质量投诉请发邮件至 zlts@phei.com.cn，盗版侵权举报请发邮件至 dbqq@phei.com.cn。

本书咨询联系方式：(010) 88254479，lzhmails@phei.com.cn。

前言

如果说 2016 年是区块链元年,那么 2021 年则是其高速发展之年。综合相关报道可以知道,区块链已经在很多领域取得突破,实现了从新型概念到落地应用的实质性转变。我们试着想象一下这样的场景:只要扫描二维码,就可以知道产品的信息;只要有数字签名,就可以租到自己心仪的汽车;医生查询电子病历后立刻就可以为患者制定个性化的治疗方案……

上述场景在区块链时代都已经成为现实。如今,为领域赋能已经成为区块链的主要目标之一,同时,这也是区块链具备的颠覆性作用。很显然,区块链革命已经到来,这是一场"顺之者昌,逆之者亡"的革命,比移动互联网革命、人工智能革命更有力量。

区块链的集成应用在新的技术创新和产业变革中起着重要的作用。在区块链时代,如何占领先机?如何在数字化进程中获得发展?如何应对未知或已知的挑战是很多企业都必须思考的问题。

在区块链不断普及的背景下,各巨头纷纷入局。例如,华为积极推动区块链与 5G 融合、物付宝制定"区块链+物联网"支付方案、AAA Chain 借区块链实现数据共享、Crypto Football 实现区块链与足球的碰撞等。

虽然各巨头已经入局,但还有很多企业和个体对区块链的了解、研究、实践都远远不够。尤其是研究和实施区块链的管理者、企业家、技术人员，以及对区块链感兴趣的人群更应该对区块链予以更多的重视。区块链究竟是什么？区块链怎样与其他技术相互赋能？区块链与各领域的融合会有哪些影响？区块链的未来前景是什么样的？对于这些问题，本书会一一解答。

本书不仅囊括了与区块链有关的理论知识，还分析了一些经典案例，希望能够使读者更全面、更具体地了解区块链的应用情况。此外，本书的文字内容也力求浅显直白，希望能够给读者带来流畅的阅读体验。通过对本书的学习，读者可以迅速了解并掌握区块链。

未来，我国的区块链版图必定与众不同，开头描述的场景也不会变成没有根据的胡乱猜测。总而言之，在时空维度的作用下，区块链势必会成为时代的爆点。

作　者
2021 年 8 月

上篇　理论知识与技术融合

▶ 第1章　区块链：推动世界变革的力量 / 002

　　1.1　**区块链关键概念** / 002

　　　　1.1.1　分布式账本：安全、可靠、真实 / 003

　　　　1.1.2　哈希算法：信息不可篡改 / 005

　　　　1.1.3　非对称加密：公钥与私钥保证安全 / 007

　　　　1.1.4　智能合约：数字化的承诺 / 008

　　1.2　**区块链运行逻辑** / 010

　　　　1.2.1　拜占庭将军问题 / 011

　　　　1.2.2　区块链的工作机制 / 014

　　　　1.2.3　公有链 VS 私有链 VS 联盟链 / 017

　　1.3　**从政策层面看区块链发展现状** / 018

　　　　1.3.1　我国政府为区块链的发展指明方向 / 018

　　　　1.3.2　各国政府积极表态 / 019

1.3.3　企业助力区块链落地 / 022

第 2 章　区块链+5G：相辅相成，共同进步 / 025

2.1　越来越火热的 5G 到底是什么 / 025

2.1.1　理论基础：5G 标准与观点 / 026

2.1.2　5G 特征：高速度、大带宽、低时延 / 028

2.1.3　5G 的应用领域 / 030

2.2　区块链赋能 5G 的三个方向 / 032

2.2.1　降低 5G 的网络安全风险 / 032

2.2.2　贯穿 5G 全程 / 033

2.2.3　解决联网设备之间的纠纷 / 035

2.3　5G 如何推动区块链发展 / 036

2.3.1　提升区块链的可扩展性 / 036

2.3.2　为区块链行业创造高性价比的通信服务 / 036

2.3.3　扩大区块链的应用范围 / 037

2.4　区块链与 5G 共塑新型商业模式 / 037

2.4.1　华为：积极推动区块链与 5G 融合 / 037

2.4.2　超速链 HSN：以 5G 为基础的公链 / 038

2.4.3　链博科技：提出链改思路和解决方案 / 039

第 3 章　区块链+AI：强强联手显威力 / 041

3.1　无处不在的 AI / 041

3.1.1　AI 三大发展阶段 / 042

3.1.2　AI 概述：技术支撑与分类 / 043

3.1.3　AI 与落地场景 / 046

目 录

3.2 区块链与 AI 的"化学反应" / 048

 3.2.1 AI 与加密技术紧密相连 / 049

 3.2.2 形成自治智能体 / 050

 3.2.3 AI 高效管理区块链 / 052

3.3 区块链与 AI 的具体应用 / 054

 3.3.1 ATN：独特的人工智能共享服务平台 / 054

 3.3.2 SingularityNet：开源协议和智能合约的集合 / 056

 3.3.3 ObEN：推出 AR 社交应用 PAIYO / 057

第 4 章 区块链+物联网：多角度发挥优势 / 059

4.1 区块链为物联网应用节省资金 / 059

 4.1.1 降低物联网的数据传输成本 / 060

 4.1.2 降低中心计算成本 / 061

 4.1.3 削减高昂的多主体协作费用 / 062

4.2 区块链巩固和加强网络安全 / 064

 4.2.1 物联网为什么无法保证网络安全 / 064

 4.2.2 区块链让物联网更加安全可靠 / 065

4.3 助力农业再升级 / 068

 4.3.1 农业物联网推广难题亟待解决 / 068

 4.3.2 区块链助力智能生态农业的打造 / 069

 4.3.3 区块链如何防止农业保险诈骗 / 071

4.4 区块链赋能物联网的经典案例 / 072

 4.4.1 Filament：致力于物联网研究与探索 / 072

 4.4.2 MTC：构建去中心化的自主网络 / 074

4.4.3 物付宝："区块链+物联网"支付方案 / 075

第 5 章 区块链+大数据：实现强信任背书 / 078

5.1 区块链和大数据的关系 / 078
5.1.1 论文为大数据奠定坚实基础 / 079
5.1.2 区块链是大数据的安全载体 / 081

5.2 区块链如何助力大数据 / 082
5.2.1 优化数据采集、储存与分析 / 082
5.2.2 破解数据交易难题 / 083
5.2.3 解决大数据风控弊端 / 085
5.2.4 在大数据预测市场发挥作用 / 088

5.3 "区块链+大数据"开创新天地 / 089
5.3.1 新兴模式：共建未来信用 / 090
5.3.2 Facebook "数据泄露事件"值得反思 / 091
5.3.3 AAA Chain：借区块链实现数据共享 / 092

下篇　场景实战与未来前景

第 6 章 区块链应用于企业运营 / 095

6.1 企业运营现状 / 095
6.1.1 激烈的数据争夺战引发无谓消耗 / 095
6.1.2 信息闭塞影响决策准确性 / 097
6.1.3 供应链管理问题依然存在 / 098

6.2 区块链消除企业运营痛点 / 099
6.2.1 降低数据储存成本，提升安全性 / 100

6.2.2 供应链通信与原产地证明 / 100

6.2.3 智能合约降低企业法律风险 / 101

6.3 "区块链+企业运营"实战演练 / 102

6.3.1 沃尔玛：借超级账本完善物流系统 / 102

6.3.2 OpenBazaar：高强度连接交易双方 / 103

6.3.3 京东：打造区块链防伪溯源平台 / 104

第 7 章 区块链应用于城市交通 / 105

7.1 "区块链+交通"改变个人出行 / 105

7.1.1 数字化的租车服务 / 105

7.1.2 智能系统解决停车难问题 / 107

7.1.3 创造共享单车新模式 / 108

7.2 "区块链+交通"改变物流运输 / 109

7.2.1 实现快捷交付，拒绝爆仓 / 109

7.2.2 基于区块链的车辆安全服务 / 110

7.3 "区块链+交通"改变车联网 / 111

7.3.1 车联网是什么 / 111

7.3.2 区块链与汽车智能化连接 / 112

7.3.3 区块链让无人驾驶系统更安全 / 113

7.4 区块链助力绿色交通与智能交通 / 115

7.4.1 用区块链认证交通人员的身份 / 115

7.4.2 激活交通基础设施 / 116

7.4.3 分布式储存下的智能交通 / 117

第 8 章 区块链应用于文娱领域 / 119

8.1 区块链如何与文娱领域融合 / 119

- 8.1.1 稳定游戏的经济与交易系统 / 119
- 8.1.2 泛融科技数字版权管理 / 121
- 8.1.3 泛融科技电子档案可信储存 / 124
- 8.1.4 泛融科技电子合同远程签署 / 127
- 8.1.5 泛融科技积分互换交易 / 129
- 8.1.6 泛融科技司法可信存证 / 131
- 8.1.7 泛融科技供应链金融 / 133

8.2 "区块链+文娱"多样化玩法 / 135

- 8.2.1 抖音：通过区块链优化审核系统与模式 / 135
- 8.2.2 加密狗：打造全新的游戏生态 / 136
- 8.2.3 去中心化的游戏网络 CrytoWorlds（加密世界链）/ 137

第 9 章 区块链应用于金融 / 140

9.1 资产和权益数字化 / 140

- 9.1.1 网络世界里的资产和权益 / 140
- 9.1.2 将票据交易"放"到区块链上 / 143

9.2 金融领域如何布局区块链 / 144

- 9.2.1 支付汇款方式变革 / 144
- 9.2.2 区块链让审计人员"下岗"/ 147
- 9.2.3 让产权确认变得容易 / 148
- 9.2.4 重新定义清算工作 / 150

9.3 区块链使金融机构受到影响 / 152

9.3.1　银行：规避单点故障带来的风险 / 153

9.3.2　证券交易所：简化流程，实现自动化 / 154

9.3.3　审计机构：保存记录，增强信任 / 156

9.3.4　科技企业：开发和建设区块链生态系统 / 158

9.4　区块链在金融领域落地 / 161

9.4.1　布比：用区块链进行股权登记转让 / 161

9.4.2　星贝云链：金融风控增信新模式 / 162

第 10 章　区块链应用于慈善 / 164

10.1　慈善领域现状 / 164

10.1.1　捐赠不定向，善款很难追踪 / 164

10.1.2　信息不流通影响捐赠活动 / 166

10.2　区块链助力慈善去中心化 / 167

10.2.1　善款筹集公开、透明 / 167

10.2.2　基于区块链的分布式公益账本 / 169

10.3　"区块链+慈善"的具体应用 / 170

10.3.1　BitGive：推出比特币捐赠平台 / 170

10.3.2　支付宝：打造区块链爱心捐赠平台 / 171

第 11 章　区块链应用于医疗 / 174

11.1　电子病历：将健康放到患者手中 / 174

11.1.1　医疗数据随时随地查询 / 174

11.1.2　保证医疗记录真实、有效 / 175

11.2　DNA 钱包：双向受益的工具 / 176

11.2.1　把基因储存在区块链上 / 177

11.2.2　私人密钥成为基因的保护伞 / 178

11.3　药品追溯：打击造假、贩假行为 / 179

11.3.1　加强药品供应链管理 / 179

11.3.2　区块链让假冒药品无处遁形 / 181

11.4　蛋白质折叠 / 182

11.4.1　蛋白质折叠的研究现状 / 182

11.4.2　区块链为蛋白质折叠提供更多算力 / 183

第 12 章　区块链未来前景分析 / 187

12.1　区块链将定义新格局 / 187

12.1.1　区块链驱动经济转型升级 / 187

12.1.2　区块链与互联网金融碰撞出火花 / 189

12.1.3　传统行业如何应对区块链 / 190

12.2　区块链未来前景 / 192

12.2.1　重视数字化的个人资产 / 192

12.2.2　从探索阶段进入商用阶段 / 193

12.2.3　区块链人才的重要性不断攀升 / 194

12.2.4　监管活动是一把双刃剑 / 195

上 篇

理论知识与技术融合

第 1 章

区块链：
推动世界变革的力量

"区块"（block）与"链"（chain）本来是两个不同的概念，被单独使用着，随着二者涉及的方面越来越重合，便被整合成一个专业术语——区块链（Blockchain）。目前，区块链还处于发展阶段，但是那些较早入局的创业企业，已经奠定了区块链开发的基础。

未来，区块链将进入实用阶段，被应用于生活的方方面面。那么区块链到底是什么？它的运行逻辑如何？它的发展限制是怎样的？这些都是需要考虑和了解的问题。

1.1 区块链关键概念

区块链之所以为社会带来了一个突破传统、颠覆创新的机会，主要依赖于四项技术：分布式账本、哈希算法、非对称加密、智能合约。这四项技术是与区块链息息相关的关键概念，我们必须有所了解。

1.1.1 分布式账本：安全、可靠、真实

随着技术的发展和时代的进步，分布式账本走进了大众视线。分布式账本使用了区块链，在安全程度和易用程度上远远优于传统的账本结构，具体可以从以下两个方面进行说明。

1. 数据公开、透明

传统的数据储存方案通过服务器或中央机房对数据进行储存，而且在接入点增加一系列的安全防护后才能进行数据与客户端的交互。这种方案依赖一个中心，如图 1-1 所示。

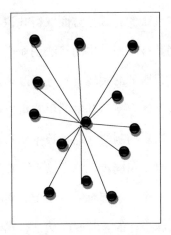

图 1-1　中心化组织体系

在系统论中，一个系统的中心化程度越高，出现错误的可能性就越大。同样，在数据储存中，数据储存方案的中心化程度越高，数据丢失或损坏的风险就越高。分布式账本采取去中心化的设计，将数据分散，使数据必须在各阶段进行确认，如图 1-2 所示。

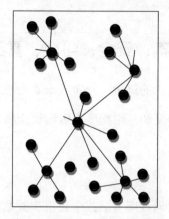

图1-2 数据在各阶段进行确认

分布式账本从区块链中产生,在计算机和密码学的支持下获得了验证,使横跨网络的参与者能够在总账的有效性方面取得共识。分布式账本的出现使成本大大降低,同时也对因其技术而产生的算法创新产生了影响。人们期望通过分布式账本对公共或者私营服务的实现方式进行改革,从而大大提高生产力。

分布式账本是一种数据库,参与其中的用户可以得到真实账本的副本,这个副本是唯一的,受共识机制的制约。这种数据库的最大特点是可以在不同的网络成员之间进行分享、复制和同步,整个过程没有第三方的参与。

由于分布式账本的每一个记录都对应着一个时间和一个密码签名,因此,其记录的交易都是可追溯和审计的。若要改动分布式账本中的数据,必须得到接入网络的多数用户的确认才可以。而且,账本的任何一处改动都会在与之对应的副本中体现出来。可以说,账本中的数据记录就是由所有的参与者共同更新的,这个过程通常会在几分钟甚至几秒内完成。

总而言之,分布式账本不仅可以追溯信息,还可以对每个节点进行监督以保障市场的公平、规范。另外,因为在每个节点上都具有账本的完整副本,所以账本被篡改的可能性非常低,即使一部分数据被篡改,也可以通过数学算法甄别出来。

2. 信息可回溯

在分布式账本中，由于信息分布在网络的多个节点中，而且每个节点中的信息都是实时同步的，因此，即使某个节点出现了问题，其他节点也不会受到影响，依然能将交易继续进行下去，保持系统的正常运行。此外，分布式账本还可以将原有系统中的信息进行备份，以确保自己在面对网络攻击时具有高强度的防御能力。

分布式账本的弹性和透明性为信息可回溯提供了保障。信息的回溯性问题从过去到现在几乎都是由中间机构解决的，但由于中间机构本身不掌握任何信息，因此，信息的真实性并没有办法保证。而分布式账本的数据库是共享的，其独有的去中心化特征能够把所有的信息都公开地记录在账本上，其不可篡改性也保证了信息的真实和有效。

区块链的分布式账本如果应用于数据和信息的储存，那么很多问题都能够从根本上解决。例如，一个投资项目从提出、发起到募集资金，再到之后的偿还和票据的发行，每一个关键环节都会记录在分布式账本中，以保证整个过程的安全、可靠。

1.1.2 哈希算法：信息不可篡改

哈希算法也被称为"散列"，是区块链的四大核心技术之一。因为一段数据只有一个哈希值，所以哈希算法可以用于检验数据的完整性。此外，在快速查找和加密算法方面，哈希算法的应用也非常普遍。

在互联网时代，尽管人与人之间的距离更近了，但信任问题却更严重了。目前，第三方的技术架构都是私密且中心化的，这种模式很难从根本上解决互信及价值转移等问题。因此，区块链将利用去中心化的数据库完成信任背书，实现全球互信的一大跨步。在这个过程中，哈希算法发挥了十分重要的作用。

区块链利用哈希算法实现在无须信任的条件下自动、安全地交换数据。区块链具体是这样做的：它为信息发送加入成本，降低信息传递的速率，并加入一个随机元素保证在一段时间内只有一个参与者可以广播信息。这里所说的成本是区块链中基于哈希算法的"工作量证明"。哈希算法的任务是计算获得的输入数据，得到遗传64位的随机数字和字母的字符串。

输入数据是指节点发送的当前时间点的总账。计算机的算力使区块链可以实时计算出单个哈希值，但区块链只接受前13个字符是0的哈希值作为"工作量证明"。然而，前13个字符是0的哈希值是非常罕见的，需要花费10分钟的时间才可以在数以亿计的数据中找到一个。在一个有效的哈希值被计算出来前，网络中已经生产了无数个无效值，这就是降低信息传递的速率并使整个系统成功运行的"工作量证明"。

区块链找到有效哈希值的时间为10分钟，这是算法设置好的。算法的难度每隔两周调整一次就是为了保证这10分钟的间隔，不能多，也不能少。总账的信息每隔10分钟就会在区块链更新并在全网同步一次，因此，交易记录是在网络上的计算机之间进行对账的。

哈希算法对信息传递速率的限制加上加密工具的使用让区块链成为一个无须信任的数据交互系统。在区块链上，交易、时间约定、域名记录、政治投票系统或任何需要建立分布式协议的地方，参与者都可以达成一致。

区块链通过哈希算法解决了信任问题。例如，专家们试图为互联网创造一个分布式的域名系统；基于区块链的互联网选举投票系统也在应用中。如果说互联网搅动了一池春水，那么区块链构建的不依赖信任的交易系统则打开了闸门。

1.1.3 非对称加密：公钥与私钥保证安全

区块链中的数据虽然是高度透明的，但关于用户的信息则是高度加密的。一般来说，只有得到用户的授权，企业或平台才能得到用户的信息，这样的非对称加密保证了用户的安全和隐私。非对称加密包含两种密钥，一种是公开密钥，一种是私有密钥，即公钥和私钥。

公钥是公开的，所有人都能得到，但私钥是由用户自己保管的，通常不会公开，除了用户本人，其他人无法通过公钥推算出私钥。另外，在非对称加密中，当其中一个私钥被加密时，只能用相应的另一个私钥才可以解密。

非对称加密的优点是每一对私钥都是唯一有效的，保密性较高，缺点是加密和解密的速度比较慢。在区块链中，信息解密、数字签名及登录认证常常会采用非对称加密，但当需要为大量的数据进行加密和解密时，这种方式并不适用。随着区块链的深入发展及当今社会对区块链需求的增加，非对称加密也被应用于多个领域，并不断进行技术更新。

在交易可匿名方面，非对称加密也可以发挥作用。交易需要区块链的地址作为输出地址或输入地址，而区块链的地址来源于非对称加密，具有很大的空间，这就意味着地址之间出现重复的概率非常低。这种低重复率使每个用户都可以在交易中生成不同的地址，以增强交易的匿名性和安全性。

区块链是去中心化的框架，账户及密码等敏感信息并不集中储存在中心服务器上，这就避免了和传统中心化系统一样，因为中心服务器遭受攻击而产生数据泄露问题。由此便可以看出，区块链以密码学为基础，在非信任节点之间建立信任关系，与传统的依靠中心机构的隐私保护模式有很大不同。

区块链和中心机构对隐私保护的侧重点不同。中心机构是将所有的数据储存到中心服务器上，这种模式的重点是保护数据在储存和传播过程中不会泄露。然而在区块链中，数据虽然是公开、共享的，但攻击者无法从中找出交易者的个人信息。

从现阶段来看，区块链的节点多为私人计算机，而不是传统的中心服务器，很多关于隐私保护的算法无法适用于这个新兴技术。因此，限制节点的权力、提高用户的安全意识、加强区块链供应商的防护水平便是未来的重点工作。

1.1.4 智能合约：数字化的承诺

在很多专家看来，区块链与智能合约是相辅相成的，只要提到区块链，就不得不提到智能合约。1994年，计算机科学家、加密大师尼克·萨博首次提出了智能合约，并给出了具体的定义："一个智能合约是一套以数字形式定义的承诺，包括合约参与方可以在上面执行这些承诺的协议。"那么，这个定义应该怎样理解呢？

在理解这个定义前，我们有必要知道区块链中的转账。假设Alice想把100个比特币转给Bob，那在区块链中就会有这样的记录，如图1-3所示。

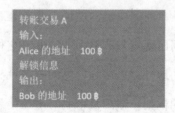

图1-3 比特币区块链系统中的转账记录

这个转账记录实际上就是一个合同，其中明确规定了Alice要给Bob转100比特币。不过，需要注意的是，上图中有一个"解锁信息"，这个"解锁信息"是Alice在证明自己的身份时需要提交的信息。

区块链：推动世界变革的力量 第 1 章

在区块链中，纯 UTXO（未花费的交易输出）模式的合同并不能起到太大的作用，这一点可以从以下两个方面进行说明：

比特币是一个独立运行的封闭系统，其转账脚本没有提供与外界进行交互的接口。因此，在转账脚本提交给区块链前，所有的解锁信息都必须被规定好，而且还要按照固定的方式运行。对于"合同"而言，这是与实际应用不符的。

在实际生活中，一个完整的合同需要严格按照流程制定，合同的执行也需要花费较长的时间，如图 1-4 所示。

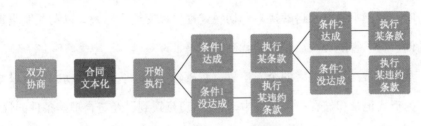

图 1-4　实际生活中合同的制定和执行

上图中的条件达成通常是一个外部输入事件，也就是说，实际生活中的合同基本上都是"事件促使"型的。不过，区块链中的数据无法判断出"事件"是不是已经发生，而要想真正判断出来，就必须通过链外输入数据的方式。下面以电子商务为例对此进行说明。

某人（记为小张）在某电子商务平台上购买了一台笔记本电脑，当他提交订单时，合同就已经生成。这个合同包括小张需要在多长时间内将货款支付到第三方平台上（事件 1），然后卖家收到第三方平台的发货通知后需要为小张发货，当小张收到货物且检查无误后需要点击确认收货（事件 2）。至此，如果不考虑售后，这个合同就算正式完成了。

在执行合同的过程中，事件 1 是一个高度虚拟化的金融活动，可以在智能合约的助力下自动触发。然而，事件 2 却是一个发生在现实世界的活动，必须有"点击确认收货"的动作才可以同步到虚拟世界。在这种情况下,"点击确认收货"便成为虚拟世界的事件 2。

由此来看,对于电商平台的合同而言,事件 1 其实就是小张是否将货款支付到了第三方平台上,事件 2 则是小张有没有完成"点击确认收货"的动作。值得注意的是,在这个合同中,"确认收货"是与外部交互的一个关键接口,必须得到足够的重视。

随着区块链的不断发展,智能合约变得越来越普及。于是,在面对潜在的纠纷时,我们不需要亲自解决,一切决定都可以交给代码做。以购买航班延误险为例,有了智能合约后,理赔就变得简单了许多。

具体来讲,投保乘客的个人信息、航班延误险、航班实时动态都会以智能合约的形式记录和储存在区块链中,只要航班延误到已经符合理赔条件的程度,理赔款就会在第一时间自动划到投保乘客的账户上。这样不仅提高了保险机构处理保单的效率,还节省了投保乘客在追讨理赔款时消耗的时间和精力。

可见,智能合约可以极大地便利我们的生活,也可以提升企业的工作效率。未来,区块链将在智能合约的助力下获得越来越好的发展,像电子商务、金融、医疗、教育等多个领域都将感受到区块链和智能合约带来的益处。

1.2 区块链运行逻辑

从本质上讲,区块链是一个通过自身分布式节点进行数据存储、验证、传递和交流的网络技术方案,任何人在任何时候都可以采用相同的技术标准生成信息并进行延伸。如果想对区块链有深入了解,首先要知道其运行逻辑,包括拜占庭将军问题、工作机制等。

1.2.1 拜占庭将军问题

区块链是一种分布式数据库，只要提到分布式，就会出现一个绕不开也躲不掉的问题——"拜占庭将军问题"。这个问题由著名的计算机科学家莱斯利·兰伯特提出，广泛存在于点对点通信中。为了让大家更好地理解"拜占庭将军问题"，莱斯利·兰伯特还编出了一个以拜占庭帝国时期为背景的故事，内容如下：

拜占庭帝国时期突然出现了一个像"怪兽"一样的敌人，于是，拜占庭国王就派出了9支军队与这个敌人对抗，并采用包围战术以提高胜利的概率，如图1-5所示。

图1-5 拜占庭帝国的包围战术

通过上图可以看出，拜占庭帝国的9支军队分散在敌人的四周。不过，敌人虽然比较小，但还是可以凭一己之力抵抗4支军队的力量。也就是说，任何1支军队都无法单独打败敌人。在这种情况下，要想真正打败敌人，就必须有5支以上的军队达成进攻共识。与此同时，还要有相应的通信兵在各个军队间传递由将军下达的防守或撤退的命令。因为9个军队的将军不能聚在一起，只要出现这种现象,敌人就很可能会逃跑。

但现在的问题是,这些将军无法确定他们中是不是有背叛者,一旦真的有背叛者,那这个背叛者就会向其他将军传递假的命令,从而促成一个不是所有将军都认可的行动。例如,当将军们都希望撤退时却促成进攻行动。

那么,各将军应该如何达成共识,从而顺利打败敌人呢?这便是困扰了计算机科学家们很多年的"拜占庭将军问题"。后来,计算机科学家们发现有两种办法可以解决这个问题:一种是口头解决;另一种是书面解决。

我们可以从这两种解决办法中得出结论:当背叛者的数量少于三分之一时,各将军能够达成共识。假设9个将军中有1个背叛者,那这个背叛者就可能给4个希望防守的将军传递防守命令,而给另外4个希望撤离的将军传递进攻命令。

不过,因为其他8个将军都是忠诚的,所以这8个将军在互相通信后还是能够达成共识的。也就是说,1个背叛者的干扰行为不会对最终的共识产生影响。当然,如果有2个背叛者,那么结果也是一样的。

假设有3个背叛者,这3个背叛者一面给希望防守的将军传递防守命令,一面给希望撤离的将军传递撤离命令,当3个希望防守的忠诚将军与3个希望撤离的忠诚将军通信后就会发现,分别有6个将军希望防守,6个将军希望撤离。这也就意味着,各将军之间没有达成共识,无法做出一致的防守或撤退的决定。当然,如果有3个以上背叛者,那么结果也是一样的。

由此可知,当背叛者的数量多于三分之一时,无论是口头解决,还是书面解决都将无济于事。那么,"拜占庭将军问题"究竟应该怎样解决呢?区块链似乎为这个问题提供了一些比较不错的办法,主要包括工作量证明、权益证明、委任权益证明等。

区块链：推动世界变革的力量　第 1 章

下面以工作量证明为例进行详细说明。工作量证明是一份用来确认已经做过一定量工作的证明。如果将其放在区块的生成过程中就变成我们俗称的"挖矿"。如果现在已经有矿工挖出了第 1 000 个区块，但有的矿工还想挖第 1 001 个区块，那与其他区块一样，这第 1 001 个区块也是由区块头和区块体构成的，可以用来储存数据。

矿工通过改变区块头中的随机数，借助哈希函数计算输出一组哈希值。当有效的哈希值出现前，数十亿个无效的哈希值会被计算出来，整个过程需要花费大量的算力。计算出有效的哈希值的矿工可以抢到记账权并获得奖励，这便是工作量证明，如图 1-6 所示。

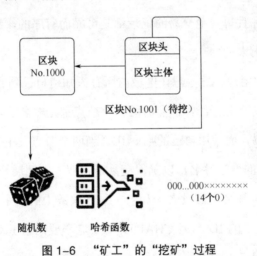

图 1-6　"矿工"的"挖矿"过程

对应到上述拜占庭帝国的故事中，不仅通信兵传递命令需要时间，各将军对收到的命令进行验证和判断同样需要时间。在这个过程中，9 个将军可以相互交流、沟通，当某个将军收集到正确且有效的命令并传递给其他将军验证后，这个将军就相当于做出了贡献，也就可以获得相应的奖励。

1.2.2 区块链的工作机制

随着时代的进步，大数据、人工智能、无人驾驶、物联网、4D打印、5G、基因工程、量子工程等技术开始融合。这些技术的融合少不了区块链的参与，现在也有越来越多的科技界人士已经认识到区块链的巨大价值。与其他技术相比，区块链的工作机制非常有特点。

区块链的工作机制主要分三步。第一步是账本公开，我们把区块链假设成一个封闭的区域，这个区域中的每户人家都是一个节点，每个节点都拥有记载着这个区域每一笔交易的账本，而且这个账本是公开的。只要这个账本的初始状态是确定的，并且每一笔交易的记录都是可靠而有序的，当前每个人持有的钱都是可以推算出来的。

但是，参与的用户必然不想让区域内所有人知道自己到底有多少钱。因此，在区块链中，交易是公开的，但参与的每个节点都是匿名的。节点之间不使用真实身份进行交易，而使用自己的唯一ID。当两个节点发生交易后，交易的报文中会显示此ID的数字签名，以确保交易是在双方之间展开的。

第二步是身份签名。假设老李和老王是区块链中的两个节点，老李的ID名为BLOCK，老王的ID名为CHAIN。如果老李要向老王支付1比特币，那么老李首先要询问老王的ID，这时区块链中就会产生一个交易：BLOCK要向CHAIN支付1比特币，老李要写一张交易单给老王。

在区块链中，为了追溯资金的来源，交易单上除了记载付款和收款信息，还要写上比特币的来源，如这个比特币来源于账本第一页。交易单写完后，老李还要加上自己的签名，即私钥，以便老王验证比特币的来源。老王收到签名后，会有老李的ID对其进行签名验证，以证明交易单是老李发的，如图1-7所示。

区块链：推动世界变革的力量 第1章

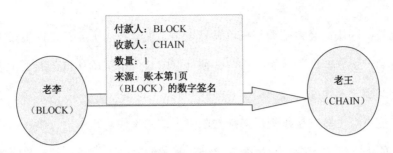

图1-7　老李与老王的交易过程

第三步是矿工挖矿。在一个中心化系统中，老李是否有足够的钱支付给老王，这个问题要通过第三方中介机构（如银行）确定。而在区块链系统中，确定这个问题的是矿工组织。当老李给老王发送交易单时，他们的交易信息会广播给矿工组织，而矿工组织的每个矿工小组在收到交易信息后会把交易补充到账本中。

矿工小组的具体工作就是生成账单，如图1-8所示。当矿工小组收到老李和老王的交易信息时，会在交易清单上记录这个交易；接着，矿工小组的成员找到当前账本的最后一页，将编号抄写在"上一账单的编号"一栏中；随后，矿工小组的成员会把交易清单、上一账单的编号及随机数通过哈希运算生成一个本账单编号。由于交易清单和上一账单的编号是不能改变的，因此，矿工小组必须不断变化随机数以生成符合规定的账单编号。

图1-8　矿工小组生成账单

此外，区块链会自动调整账单编号规则，使其在 10 分钟之内生成。矿工小组得到一张账本纸（区块）后，必须马上向其他小组确认自己的工作成果才能得到奖励。

其他小组在接到账本纸后必须立刻停下挖矿工作对账本进行确认：首先要将送来的账本纸放入编码生成器中，确认账本编号是否有效；然后将账本纸上的上一账单的编号和目前保存的有效账本的最后一页进行比对；最后要确认当前每笔交易的付款人有足够的余额支付这笔钱，以保证交易的有效性。

当完成了所有验证并通过后，矿工小组就认可了其他小组发来的账本纸有效。其他小组确认该区块有效后，这个区块就会进入主账本，后面的挖矿工作就会再基于这个更新后的账本进行。矿工小组如果收到其他小组送来的账本纸上的上一账单的编号是自己以前送去的账单，就表示已经有小组是基于他们交完账单后新生成的主账本工作了，这就表示他们的工作被其他小组认可了，而老李和老王看到大多数小组认可，就认为这个交易已经成功。

总结一下，区块链的工作机制是这样的：A 利用自己的私钥对比特币的来源和下一位所有者 B 签署一个数字签名，并将签名附在交易单后面。这个交易单传播到全网，B 和矿工小组都会收到这张交易单；矿工小组通过哈希运算解出对应的随机数，生成符合条件的哈希值，然后争取创建新区块并获得比特币奖励。

区块链中的节点会向全网通告区块记录的盖有时间戳的交易，并由其他节点核对。当其他节点核对区块并确认无误后，就会将该区块认定为合法，然后争取下一个区块，这样就形成了一个合法记账的区块链。

1.2.3 公有链 VS 私有链 VS 联盟链

区块链依据其节点的分布情况可以被划分为公有链（public blockchain）、联盟链（consortium blockchain）、私有链（private blockchain）三种类型。

（1）公有链的节点只需要遵守一个共同的协议便可获得区块链上的所有数据，而且不需要任何的身份验证。与联盟链和私有链相比，公有链的节点被某一主体控制的难度最大。

（2）联盟链主要面向某些特定的组织机构，正是因为如此，其运行只允许一些特定的节点与区块链连接，这也就不可避免地使区块链产生了一个潜在中心。

以数字证书认证节点的区块链的潜在中心是 CA 中心——证书授权中心（Certificate Authority）；以 IP 地址认证节点的区块链的潜在中心是网络管理员。正如"擒贼先擒王"的道理，只要控制区块链的潜在中心，就有可能控制整个区块链。相比于公有链，联盟链被控制的难度要低得多，中心化程度也没有那么高。

（3）私有链的应用场景通常在企业的内部。从名称上看，私有链其实并不难理解，其特点之一就在于"私"——私密性。

私有链只在内部运行而不对外开放，而且只有少数用户可以使用，所有账本记录和认证的访问权限也只由某一机构组织单独控制。因此，相较于公有链和联盟链，私有链不具有明显的去中心化特征，只是拥有一个天然的中心化基因。

不同于公有链的广泛流行和使用，业界对私有链的存在价值具有颇多争议。有人认为私有链并无任何存在意义，因为它仅仅是一个分布式的数据库，容易被主体控制；也有人认为只要把私有链的应用建立在共识机制的基础上，它还是具有存在的意义的。

1.3 从政策层面看区块链发展现状

2008年，中本聪在《比特币：一种点对点的电子现金系统》中首次提到了区块链的相关概念，但那时，区块链仅仅作为一种底层技术而存在。随着时代的不断发展，区块链开始突破原有的限制被广泛应用于各个领域，形成了很多"区块链+"模式。

如今，区块链的应用价值已经获得了社会各界的广泛认可，针对该项技术的政策也纷纷出台。此外，很多企业也认识到了区块链的潜力，开始布局区块链，推动区块链的发展。在各方力量的助力下，区块链的发展变得越来越好。

1.3.1 我国政府为区块链的发展指明方向

为了促进区块链在各领域的进步和落地，我国政府陆续发布相关文件。例如，2019年1月，中央网信办发布《区块链信息服务管理规定》，明确区块链信息服务提供者的安全管理责任，规范和促进区块链及相关服务健康发展，规避区块链信息服务安全风险，为区块链信息服务的使用、管理等提供有效的法律依据。

在政府的牵头下，各省市也开始推动区块链落地，其中的领军者不是北京、上海、深圳、广州，而是贵阳。贵阳出版了《贵阳区块链发展和应用》白皮书，该白皮书共有86页，对区块链在各个场景的应用进行了初步规划。

在贵阳为区块链发展描绘出蓝本后,其他省市的规划也逐渐成熟。相关数据显示,目前,我国已经有30多个省市推出了区块链扶持政策,有10多个城市推出了区块链发展基金,总规模超过400亿元。以贵阳为代表的海南、杭州、成都等省市一度成为"区块链之都"。

虽然现在区块链的实际应用主要集中在虚拟经济方面,但随着政策的放宽,这项技术将脱虚向实,进一步激发实体经济的增长。当然,在之后很长一段时间内,区块链的管控、合规、性能、安全等因素都不能忽视,必须使其在法律的轨道上健康发展。

在一系列政策红利的推动下,区块链在我国迅速蔓延开来,并与很多行业和领域实现了深度融合。如今,"区块链+"正在创造更大的社会价值,并积极赋能实体经济。在区块链时代,我国将成为不容置疑的主角。

1.3.2 各国政府积极表态

我国在区块链方面的布局已经比较完善,与此同时,其他国家的政府也积极表态,希望推动区块链的应用。接下来,笔者以日本、美国、英国为例介绍区块链在国外的发展现状。

1. 日本:促进数字货币健康发展

2017年4月,日本实施了《支付服务法案》,正式承认比特币是一种合法的支付方式,同时对数字资产交易提出了明确的监管要求;2017年9月,日本金融厅(FSA)发布了首批得到许可的"虚拟货币交易所"名单,主要包括Bitflyer、Zaif、BTCBOX、GMO、QUOINEX、BitBank、Bitpoint等11家虚拟货币交易所。

2018年1月,虚拟货币交易所Coincheck被不法分子盗走5亿美元资产,之后，日本金融厅对虚拟货币交易所的审批变得更严格、谨慎；2018年9月，虚拟货币交易所Zaif损失了6 000万美元资产，日本决定进一步加强网络安全。

2019年3月，日本虚拟货币商业协会（JCBA）发布《关于ICO新监管条例建议》，以促进区块链业务的健全成长；2019年5月，《资金结算法》和《金商法》修正案正式通过，明确了对于虚拟货币兑换和交易规则的措施。

2020年10月，日本发布了一份文件，概述了开发数字货币的具体方法。根据该文件，日本将在2021年开始数字货币测试的第一个阶段。这个阶段包括开发数字货币的测试环境，并对其作为支付工具的基本功能进行实验。

从2016年到2020年，日本一直在优化和创新相关政策，以使区块链和数字货币符合现实情况的要求。过去，数字货币被认为是极客的"玩具"，但现在正在发生变化，人们已经逐渐改变了旧有的观念，开始将数字货币用于合法、正常的交易。

2. 美国：推动与监管同时进行

2017年3月，美国贸易监管机构以区块链和人工智能为主题展开讨论，内容涉及众筹和点对点支付；2017年4月，华盛顿州参议院签署第5031号提案，要求在本州从事虚拟货币业务的所有运营商必须遵守《货币转移法》。

2018年3月，美国证券交易委员会（SEC）发布《关于可能违法的数字资产交易平台的声明》，确认数字资产属于证券范畴，数字资产交易平台必须进行注册或者获取牌照；2018年12月，美国众议院提出一项法案，将数字货币排除在证券之外。

2019年1月，美国怀俄明州的立法机关通过《怀俄明实用型通证法修正案》和《金融技术沙箱》两项新的政策，旨在营造一个有利于区块链创新的监管环境；2019年10月，美国国税局发布了针对加密货币的应缴税款指南，明确指出当加密货币记录在区块链上时，如果纳税人实际上拥有对加密货币的控制权并可以使用这些加密货币，则需要履行纳税义务。

2020年11月，美国金融监管局加快了建立区块链监管体系的步伐，更重视区块链和数字货币的创新意义。此外，美国众议院还举行了一场马拉松式的立法听证会，记录了多项法案，包括《区块链创新法案》和《数字分类法法案》。

2021年1月，美国华盛顿州提出了一项法案，将通过修改现有政策的方式鼓励区块链的发展。该提案编纂了数字签名与许可证法条，并含有执行这些标准所需的法律认可。随后，其他州也效仿华盛顿州，不断起草和通过支持区块链的法案。

美国虽然鼓励区块链和数字货币的发展，但对于这些新事物的监管也非常严密。其他国家可以借鉴美国的做法，平衡好发展和监管之间的关系，加快完善相关法规，在合理的框架内使新事物得到优化与升级。

3. 英国：鼓励并投资开发区块链

在全球范围内，英国是对区块链最感兴趣的国家之一，不遗余力地对这项新技术进行了研究与探索。在数字货币方面，英国同样做出了积极响应。

2018年1月，英国技术发展部门投资1 900万英镑，用于支持新技术（包括使用分布式分类账本）领域的产品或服务；2018年3月，英国财政部、金融行为监管局和英格兰银行共同组建"加密货币特别工作组"，旨在挖掘与加密货币相关的风险和潜在优势；2018年10月，英国发布了一系列关于区块链行业的监管措施。

2019年1月，英国金融行为监管局发布了一份名为《加密货币资产指南》的文件，文件指出，加密货币资产可以被视为"特定投资"；2019年10月，数字支付服务商必须在整个支付链中显示资金的运营和财务状况,并为监管机构提供足够的信息,才可以在英国运营。

2020年1月,英国金融行为监管局对使用加密资产开展业务的企业进行严格监管,例如,要求从事加密货币相关活动的企业遵守新的规定,包括评估业务造成的洗钱和融资风险的程度、必须实施政策以减轻这些风险、指定一名高级管理人员负责遵守规定、对客户进行尽职调查、被确定为高风险的客户要加强尽职调查等。

总之,各国都非常关注区块链和数字货币的健康发展,并在不同程度上承认了二者对社会生态系统建设的有利作用。未来,随着技术的进步和时代的发展,各国将在区块链研发与应用上取得更大的成果。

1.3.3 企业助力区块链落地

与之前没有被广泛认可不同,现在的区块链得到了多方支持,越来越多的区块链企业开始出现,其中比较有代表性的是Edgelogic、中链科技。在各自的领域里,这两家区块链企业都发挥了极大的优势和作用。

1. Edgelogic:消除钻石盗贼

Edgelogic一直想借助区块链消除钻石盗贼,即把价值较高的钻石登记在区块链上,并把相关信息公布出来,以加大盗贼的出手难度。此外,在区块链防诈骗方面,Edgelogic也取得了非常不错的成果。

提供钻石保险的银行(以下简称钻石银行)最需要的应该就是一个可以识别钻石真假的分类器。目前,世界上一共有四家信誉较高的钻石认证实验室,如果钻石银行只获取了一家实验室的数据,那分类器就很可能并不认可由另外三家实验室鉴定的钻石,这也就表示,分类器的误报率会非常高。

Edgelogic 通过区块链让实验室之间实现了数据的交换和共享，减少了假冒钻石的数量。首先，钻石银行可以获得四家实验室的数据，并用这些数据构建一个分类器；其次，系统会对送来的每一颗钻石进行审查，而且还会和分类器中的数据进行比对；最后，分类器会对钻石真假进行严格检测，从而得出最准确的结果。

这个过程由于加入了区块链，不仅分类器的出错率会大幅度降低，欺诈现象也会有明显减少。如果 Edgelogic 可以将人工智能等技术与区块链结合在一起，那系统除了可以验证钻石的真假以外，还可以根据颜色、克拉等多个方面对钻石的价格进行预测。

2. 中链科技：专注于区块链基础设施研发

中链科技虽然是一家比较年轻的区块链企业，但其核心团队的成员都很有经验，也十分专业。通过深入研究和探索，中链科技解决了传统区块链的很多问题，例如，交易时间过长、交易损耗过多等。

区块链可以分为几种技术派别，中链科技为了开发更多的技术派别，采取了联合作战方式，即选择性地与其他企业开展合作。不过，在自主研发核心技术方面，中链科技始终没有放弃，希望可以为个人和机构提供极致的服务。

使区块链与传统行业实现深度融合是中链科技的核心目标，其发力点涉及数字资产、存证、金融等多个领域，其客户群体遍布金融机构、大型企业、组织协会等。这样看来，中链科技的盈利机会很多，而事实也的确如此。

中链科技的盈利主要来源于 3 个方面：技术入股获得投资收益、销售区块链解决方案与产品、运营技术孵化器与数字资产。目前，中链科技的大部分利润是由 B 端客户（商户）贡献的，即中链科技向商户输出技术、平台和产品，商户支付相应的费用。

目前，中链科技正在打造并不断完善区块链存证解决方案，希望通过区块链完成身份存证、行为存证、权益存证、合约保真、资产存证等服务，为信用社会提供基础数据支撑。未来，中链科技会在"价值信任"上挖掘商机，因为信息有真假之分，而价值没有，区块链的特征可以使交易行为得到进一步净化。

第 2 章

区块链+5G：
相辅相成，共同进步

现在，很多技术都开始和区块链融合，受到广泛关注的 5G 便是其中一个。通信技术的发展带动了一大批行业与企业的创新，同时也使人们的生活发生了巨大变化。同为当下技术发展的热点，区块链与 5G 也可以实现彼此之间的融合创新。区块链和 5G 在互相融合中能够有力地推动彼此的发展。

2.1 越来越火热的 5G 到底是什么

5G 是一种新兴的技术，在它进入日常生活前，很多人对它的了解仅限于比 4G 更快速、便捷。但仅了解这些是不够的，我们需要深刻了解 5G，感受它对社会带来的改变。之前，全球首座运用 5G 研发与建设的智能车站已经在上海落成。由此可见，5G 离我们的生活越来越近了，相信在不久的将来，该技术将彻底融入学习、工作的方方面面。

2.1.1 理论基础：5G标准与观点

未来，5G会朝着多元化、智能化的方向发展，当智能终端普及后，移动流量也会迅速增长。在这种情况下，与5G相关的标准和观点也渐渐成为必须探讨的问题。在这个方面，我国起到了举足轻重的作用，引发了其他国家和各企业的关注。

1. 5G标准

首个5G新空口正式冻结并发布以后，5G标准顺利落地，5G时代就此开启，我国的运营商和设备商在国际上的话语权也明显上升。5G新空口确立了基站与终端之间的通信频段（低频为600MHz、700MHz频段，中频为3.5GHz频段，高频为50GHz频段），不仅是手机与基站的连接方式，也是5G的"最后一公里"环节。

5G新空口的内容主要包括3个方面：新波形、新多址技术、新编码技术，这些内容都有各自的作用。首先，新波形统一了基站的基础波形，提高了频谱的利用效率；其次，新多址技术和新编码技术提高了数据连接的速率与可靠性，充分满足了5G的发展需要。

作为5G新空口的重点，5G标准的制定也被提上日程。3GPP和GSMA是与通信技术相关的两大国际组织，前者主要负责对5G标准进行制定，后者则专注于5G的运营和推广。

3GPP的全称是"3rd Generation Partnership Project（第三代合作伙伴计划）"，最初，该国际组织的目的是为3G制定全球通行的标准，之后又确立了4G标准，现在又制定了5G标准，具体步骤如下。

（1）由3GPP的成员提出愿景或需求并进行早期研究，如果系统或功能可行再交给 3GPP 进行审核；

（2）所有成员都可以向 3GPP 进行提案，但提案必须获得至少 4 个成员的支持才会生效，如果被采纳则进入下一环节；

（3）经过多轮测评和考核后，项目组将提案总结成技术报告，再交由标准制定组决策，测评后，如在技术上可行则进入下一环节；

（4）将任务划分成技术模块并完成，而后经过 TSG 决策，产生发布版本；

（5）5G 标准制定完成，各成员必须按照 3GPP 的规则将 5G 进行商用部署。

除了 3GPP 以外，另一大国际组织 GSMA（全球移动通信系统协会）也参与进来，主要负责 5G 的运营和推广。GSMA 是代表全球运营商的国际组织，连接了全球移动网络系统中近 800 家运营商及近 250 家企业。

由此可见，3GPP 为制定和实施 5G 的标准做出了巨大贡献，而且未来还将继续为 5G 的普及不断努力，贡献自己的力量。

2. 5G 观点

当前关于 5G 有两种不同的观点，第一种观点认为 5G 是一个全新的技术，而不是在 4G 上的演变；第二种观点认为 5G 是 4G 的进化，4G 是 5G 的奠基石。由于 5G 还未实现大范围商用，因此，这两种观点也为 5G 的未来发展提供了新的可能。

华为、思科、诺基亚、Finisar、英特尔是第一种观点的支持者，这些支持者都在为迎接 5G 的到来做准备。他们认为正是因为 5G 是全新的技术，所以必须不断加大研发力度，推出新的网络路线和设备，进一步提升网络架构。

以中兴为代表的很多企业支持第二种观点，认为 5G 是 4G 的进化。因为 5G 与 4G 在技术原理、运行方式、部署办法等方面都十分不同，但如果没有 4G 作为根基，或没有 5G 对 4G 的传承，那么 5G 的发展也是空中楼阁。

其实有争议才会有发展，无论上述哪一种观点都无法阻挡 5G 的前进脚步。可以肯定的是，现在最好还是选择"两条腿走路"，即一方面推动 4G 的进化，一方面研发 5G。当然，5G 标准也不能忽视，要根据实际情况不断优化和调整。

2.1.2　5G 特征：高速度、大带宽、低时延

5G 具有三大特征，即高速度、大带宽、低时延。高速度是 5G 最直观的表现，5G 的传输峰值速度能达到 10Gb/s，而 4G 的传输速度则为 100Mb/s。在实际应用中，5G 的速度也可以达到 200Mb/s，这意味着下载一部 2 小时的高清电影只需要几分钟。

大宽带是针对宽带的频度而言的，就像高速公路上车很多，但只有 4 个车道，在车越来越多的情况下，拓宽车道是唯一的解决办法，这就是大宽带的思路。大宽带具有较高的送达能力，即使在全景视频或者 VR 体验中也不会出现卡顿等问题。

和 4G 相比，5G 的体验速率优势明显。4G 的时延大约为 70 毫秒，5G 可以将时延缩短到 1 毫秒，数据几乎可以实时转化。低时延不仅可以做到"使令即达""令行即止"，我们的生活、工作、学习场景也会因此发生变化。

除了上述三大特征以外，5G 还可以助力万物互联的实现。万物互联是指在将来，手机、电脑、汽车等用户端都将处于联网模式，不再需要寻找密码进行 WiFi 的连接，方便了我们的上网需求，提高了学习与工作的效率。

其实，5G 还有一个独特之处，就是使用的是高频率的毫米波，如图 2-1 所示。

5G 利用高频率无线电波进行通信，用户端设备能够接收并解读这个高频率无线电波，进而使带宽增大、信息量增多，网速不断提升。高频率无线电波也

有一个缺点，就是它是直线传递的，若遇见障碍物便会阻碍前进的步伐，导致信号变弱。

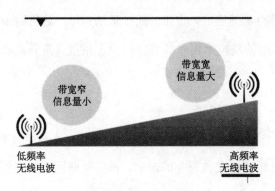

图 2-1　毫米波的优势

5G 若想克服这个问题，就需要建立多个基站，提升覆盖面积。然而，在城市中建满基站是非常不现实的。在这种情况下，微基站应运而生，如图 2-2 所示。

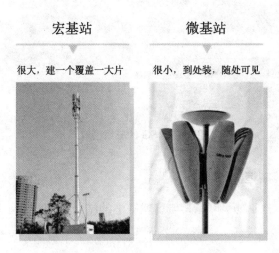

图 2-2　宏基站与微基站的对比

由上图可知，宏基站就像电线杆一样矗立在城市的各个角落，占地面积大。

而微基站则不同,其规模比较小,能够很好地融入城市中,而且数量比较多,覆盖能力比较强,信号也相对稳定。

总之,5G 拥有高速度、大宽带、低时延的特征,这将给未来的生活带来改变。但是,5G 采用的新技术也对其普及提出了挑战,需要新的设施建设帮助其发展。

2.1.3 5G 的应用领域

如今,5G 已经开始突破原有的限制,被广泛应用于很多领域,形成了极具影响力的"5G+"模式,如图 2-3 所示。

图 2-3 5G 的应用领域

1. 5G+智能制造

2019 年是 5G 的"元年",其与智能制造的结合将为制造业带来改变。快速发展的 5G 为传统制造业向智能制造业的转型提供了机遇,其覆盖范围广、时延低的特点更好地适应了传统制造场景,也为新兴的端到端互联需求提供了技术支撑。在工业 AR、无线系统化控制、云化机器人等方面,5G 都将有所应用。

2. 5G+农业

5G 会推动农业的全方位智能化，这表现在种植智能化、管理智能化和劳动力智能化等多个方面。5G 时代，农业将展现新景象，农产品的生产过程可以全程追溯，保证了其安全性；大数据的应用也推动了生产、管理、销售等环节的自动化和数字化；5G 下的资源整合也促进了农业资源的共享和合理利用。

此外，5G 还将推动农业细分领域的发展。例如，在水产海产领域，5G 的应用可以实现海洋环境的预测、观察；在农贸市场方面，5G 也可推动农贸市场的线上线下一体化。

3. 5G+智慧城市

基于 5G 的智慧城市可以通过打造智能交通、智能照明等降低时间和经济成本，丰富人们的生活内容，提高人们的生活质量。

在智能交通方面，5G 可以对道路和停车场进行信息系统建设，保障车辆与行人的安全，同时还可以根据车辆的行驶信息预先找到停车位，实现智慧停车；在智能照明方面，5G 能够根据道路具体情况进行自动调光照明，既智能，又环保，路灯的功能也会更多样。

此外，将 5G 与安防系统结合可以打造新型智能安防，获取真实有效的数据。相关人员可以通过对这些数据进行合理分析，找到解决安全隐患的方法。

4. 5G+智能家居与建筑

5G 对智能家居的影响表现在很多方面，例如，整合智能设备，促进行业发展；广泛增加 VoLTE 的受众范围；为用户带来极致的享受体验等。5G 的出现使智能家居不再是一个"孤岛"，不同产品之间可以联系，加速了整个行业的发展。

5G 与建筑也有着千丝万缕的联系，"智慧工地"应运而生，即通过远程监控与建筑工地进行对接，实现建筑工地的智能化管理。这种智能化管理有助于推动传统建筑业的转型升级，可以让施工变得更安全，也可以让运维体系更标准。

5. 5G+车联网与智能驾驶

5G 在汽车行业的应用将推动车联网的发展，技术日益创新，新型应用日趋成熟，规模也不断扩大。但车联网的发展仍然面临着严峻的挑战，主要表现在干扰管理和隐私保护方面。

智能驾驶是汽车行业的未来，5G 为发展智能驾驶提供了必要的技术支持。例如，5G 可以实现高清视频的实时传输；5G 切片技术为智能驾驶提供 QoS 保障；5G 助力分布式边缘计算在智能驾驶中的部署。

可见，5G 与各个行业和领域的融合已经成为趋势，企业只有跟随时代的潮流，才会使自己立于不败之地。因此，关注 5G 的研发现状及发展前景，对于企业开拓新道路、获得新发展来说十分重要。

2.2 区块链赋能 5G 的三个方向

虽然区块链现在还处于发展的初级阶段，但政府和企业已经对这项技术高度重视，尤其是电信运营商。这主要是因为区块链可以改变 5G，正在逐渐成为 5G 发展过程中不可或缺的一部分。那么，区块链究竟如何改变 5G？本节就为大家揭晓答案。

2.2.1 降低 5G 的网络安全风险

5G 时代，万物互联真正实现，智能设备成为交互的工具，人们可以在这个工具上点击、完成指令。这样的景象虽然非常美好，但是每一项技术的背后都伴随着或多或少的问题，5G当然也是如此，如网络安全问题、数据隐私问题、成本问题等。

试着想象一下，不法分子除了要入侵你的手机和电脑，还要攻击你的电视、电冰箱、空调，甚至沙发和床，这难道不是非常可怕的事情吗？要想避免这样可怕的事情，区块链是一个特别不错的解决方案。

有了区块链的支持，5G就相当于获得了更可靠的安全与信任机制，上面提到的网络安全问题就可以有效解决。不仅如此，物联网的优势——"万物互联"也可以被进一步放大，终端成为节点，整个网络变得比之前坚固很多。

很多可能与5G结合的项目都可以引入区块链，这样不仅有利于保护数据的真实、有效，还有利于升级商业模式和业务逻辑。

2.2.2 贯穿5G全程

5G要想实现更快的速度，给用户更好的使用体验，必须让区块链贯穿全程。

1. 入网

网络的波动是让很多用户头疼的问题，造成网络波动的重要原因是用户的频谱资源减少。频谱就像车道，当车道中车辆少时，每辆车都可以很顺畅地前进，而一旦车道中的车辆变多时，就会容易堵车。频谱的容量是有限的，一旦频谱中接入太多的用户，网络就会拥堵。

5G能够在扩展频谱资源的前提下扩大频谱的容量，实现高、中、低频段频谱的共享。5G在为用户提供了更多频谱的同时也提高了频谱的利用率。网络运行的拥堵问题解决了，5G自然会变得更高速、稳定。

5G为用户提供了更多的频谱，同时也能够承载更多的流量。当用户拥有多余的闲置流量时，区块链与 5G 的结合能够为用户提供变现闲置流量的方法。也就是说，在区块链的帮助下，用户可以通过收费的方式让其他用户使用自己的流量。

在用户变现闲置流量的过程中，区块链会发挥记账功能，记录并存储流量的每一次交易，然后根据此前交易双方设定的智能合约顺利结束每一笔交易。

2. 管理

对入网设备进行管理是运营商的重要工作之一。如何管理入网设备，如何了解入网设备的健康情况都是运营商需要思考的问题。之前，运营商对于入网设备的管理是比较被动的，即接到用户的反馈后再安排人员上门检修，这样的方式难以给用户带去更好的使用体验。

在这种情况下，运营商希望能通过数字化的方式更好地管理入网设备。但是目前，运营商对于入网设备的巡检方式仍处于数字化转型中，巡检数据的自动采集、安全存储、记录溯源等技术仍不完备。

区块链则为运营商的数字化管理提供了新思路。区块链与物联网的结合可以实现数据的自动化收集。同时，区块链的不可篡改、可追溯等特性能确保收集的数据真实、可靠。这大大减少了检修流程的人工操作环节，也提高了检修的效率。

3. 应用

在 5G 的应用过程中，区块链能够解决网络传输的部分问题，从而保证 5G 的高速传输。虽然 5G 的传输速度很快，但仍然会受限。在现有的传输协议中，尽管 5G 拥有比较快的速度，但在面对中心化调控时，其速度依然会受限。

区块链能够借助分布式传输协议解决这个问题。区块链的分布式传输协议可以将数据以去中心化的形式存储在各节点中。在传输数据时，区块链能够实现多节点的共同传输，这能够保证数据的传输速度。

在 5G 入网、管理、应用的过程中，区块链都能够为其提供帮助。区块链能够优化用户使用 5G 的体验、能够为运营商提供更智能、更科学的管理方式，能够解决 5G 应用中的数据传输问题。可见，对于 5G 来说，区块链是一个不可或缺的帮手。

2.2.3 解决联网设备之间的纠纷

目前，5G 还处于发展阶段，相关技术尚未十分成熟，导致联网设备有机会在其中制造混乱，并趁机浑水摸鱼。这不仅会增加联网设备之间的纠纷，还会使联网设备之间的交易和支付受到影响，并对现有的金融基础设施造成冲击。

区块链可以从根本上消除上述痛点。相比于物联网中使用的服务器模型，区块链有很大不同，具体可以从以下三个方面进行说明。

第一，为了保证身份的真实性和唯一性，区块链会使用非对称加密和安全散列算法将相应的区块链地址注册下来。

第二，区块链具有不可篡改的特征，能够在记录和储存交易信息的同时保证其真实、可靠。而且，区块链上的哈希值一旦发生变化，管理员就会在第一时间关注并处理。

第三，区块链可以通过去中心化的优势将联网设备中互不信任的实体连接在一起，使其达成共识，这有利于规范联网设备在网络中的行为。

部分从业者认为，"区块链+5G"不切实际，目前还处于纸上谈兵的阶段，但是不得不说，一些企业正在为此努力，相关产品的雏形也开始出现。

2.3 5G 如何推动区块链发展

5G 是当下最受关注的热点之一,当它遇到同样是热点的区块链时,会产生什么样的"化学反应"?首先,5G 可以提升区块链的可扩展性;其次,5G 可以为区块链行业创造高性价比的通信服务;最后,5G 会扩大区块链的应用范围。

2.3.1 提升区块链的可扩展性

通过增加节点的数量,5G 可以增强区块链的去中心化,从而大幅度减少区块链的阻塞时间,当然,这也有利于提升区块链的可扩展性。

5G 为区块链带来的这些变化又可以成为支持物联网发展的重要力量。也就是说,未来,越来越多的行业和领域可以通过速度快、安全性强的物联网实现智能化、自动化。与此同时,区块链也会在各大场景正式落地,实现真正意义上的商用。

2.3.2 为区块链行业创造高性价比的通信服务

5G 的强大和重要性可能很多人都还没有感受到,不过前面已经说过,5G 拥有速度快、高续航、低时延等特点。对区块链有一定了解的人应该知道,区块链是部署在网络之上的,其本质是一个分布式账本。无论是个体,还是企业,要想同步这个分布式账本上的数据,就必须进行大量的实时的通信,但这个过程并不是特别安全的,所需的成本也非常高。

然而,5G 出现并获得发展后,基于网络的数据一致性将得到进一步改善,这不仅可以提高区块链的可靠性和有效性,还可以降低通信服务的成本,减少因为延迟而导致的差错和分叉。也就是说，在 5G 的助力下，区块链行业可以享受高性价比且安全、可靠的通信服务。

2.3.3　扩大区块链的应用范围

智能合约依赖于 oracle（放置在区块链边界上的程序代码），但是 oracle 无法在偏远地区使用。鉴于此，如果通过 oracle 将数据传递给智能合同，然后再把这些数据连接在 5G 设备上进行输送，就可以让 oracle 的使用范围扩大到偏远地区。

另外，借助 5G，区块链还能够实现网络改进。5G 带宽的增大，再加上边缘计算辅助延迟的进一步减少，加入区块链的节点会比之前有明显增加，这有利于优化区块链的容量和规模。同时，5G 深入偏远地区，越来越多的移动设备可以连接在一起，久而久之，区块链的参与度会有很大提升，其安全性和分散性也更有保障。

2.4　区块链与 5G 共塑新型商业模式

在区块链行业，5G 似乎已经成为一个非常火爆的名词，很多企业都忙着在这上面布局。例如，华为积极推动区块链与 5G 的融合、超速链 HSN 开发出以 5G 为基础的公链、链博科技提出链改思路和解决方案。这些经典案例极大地促进了"5G+区块链"的实现与应用。

2.4.1　华为：积极推动区块链与 5G 融合

华为已经在区块链行业扎根已久。2019 年，华为推出《华为区块链白皮书》，专注区块链典型场景；2020年，华为加速区块链商业节奏，助力数字经济转型；2021年，华为积极推动区块链与5G融合，让这两项技术形成合力，创造更大的价值。

华为在区块链行业的布局方向是建立联盟链，希望借此进一步提高交易的效率，并让区块链应用于一些复杂的场景。在这个布局中，华为的最大王牌是5G。

华为在与诺基亚、爱立信等供应商的竞争中赢得了30余份5G合同，并出售了约3万多台5G基站，奠定了自己在5G领域的领军者地位。同时，德国专利数据机构IPlytics公布的5G专利报告显示，华为是对5G标准贡献最大的企业。

这些数据都表明了华为在5G竞争中处于领先地位，这也拓展了其在区块链行业布局的空间。依托5G，华为能够更深入地探索区块链在其他领域的应用。目前，华为在物联网、电信、金融等领域都进行了区块链布局，希望解决交易中的信任问题，降低交易成本，并建立新的商业模式。

5G能够为区块链提供高速率、低时延的网络，这将大大提高区块链的运行效率。同时，借助5G，区块链和其他技术能够更好地结合在一起，这将提高区块链的智能性。总之，在5G的支持下，华为的区块链布局会更有竞争力。

2.4.2 超速链HSN：以5G为基础的公链

2019年5月15日，全球首个5G生态公链——超速链HSN在深圳正式亮相。超速链HSN开创了新的历史，即把边缘计算和5G融合在一起，允许边缘设备完成计算任务，这样的做法进一步缓解了中心设备的压力和负担。

不过，边缘设备基本是由用户和企业掌握的，那么如何才能让他们贡献边缘设备的通信带宽/算力呢？为了解决这个问题，超速链 HSN 创造性地提出了一个概念——PoT（Proof of Communication，通信量证明）。

通信量证明就是根据边缘设备负责处理的通信量，为其提供相应的奖励，这就把通信、计算、区块链巧妙地融合在了一起，使用户可以享受到更迅速、优质的 5G 通信。此外，用户和企业也可以通过贡献自己的通信带宽/算力得到奖励，这样的正向反馈可以使超速链 HSN 的系统更高效、安全、稳固。

借助区块链，超速链 HSN 建立了基于 5G 的网络安全和信任机制，在这样的机制下，价值生态体系将得到进一步优化、多源信息交换共享可以实现、推动信息获利的新经济体将会形成，这些都是超速链 HSN 带来的创新和变革。

另外，超速链 HSN 还引入了非对称加密、零知识证明等技术，并在此基础上研发出一套加密去重体系，即对储存的档进行加密和去重，以防止储存资源的过度占用。在执行储存动作之前，超速链 HSN 会对档进行预处理，将其分割成多个碎片并放在不同的节点上。

这也就意味着，每个节点只需要处理一小部分传入的数据，然后就可以与其他节点并行处理，从而使数据验证工作高效、迅速完成。

超速链 HSN 作为全球首个 5G 生态公链，专注于通过区块链、边缘计算等技术重塑复杂的 5G 应用场景，为 5G 数字经济时代的发展增添动力。未来，超速链 HSN 将深入更多的行业和领域，如智慧安防、智能制造、车联网、无人机等。

2.4.3 链博科技：提出链改思路和解决方案

为了促进 5G 和区块链的融合，链博科技针对 5G 的可能应用场景提出了链改解决方案。企业不仅可以通过链改实现数据上链，还可以为数据构建安全机制，从而解决5G时代的网络安全问题及数据隐私问题。

此外，在链改的助力下，企业的商业模式会进一步升级，越来越多的终端设备将加入价值创造中。以车联网为例，在汽车中加入区块链，区块链记录和储存与汽车相关的数据，这些数据可以用来优化设计、降低研发成本。整个过程可以创造大量的价值，如果将这些价值反馈给车主，车主就可以获得良好的体验和应有的报酬。

在融合5G和区块链方面，链博科技没有局限于对5G安全性的加持，而是致力于为用户带去更多的价值。凭借着对5G的研究和应用，链博科技将拥有一个美好的未来。

第 3 章

区块链+AI：强强联手显威力

AI（Artificial Intelligence，人工智能）是研究用于模拟、延伸人类的智能的技术。随着人工智能的火热发展，其已经应用于许多领域，如金融、娱乐、版权等。在人工智能大范围应用的背后不仅有大数据这个强大推动力，还有区块链这个有力支撑。

区块链与人工智能是相互影响的。区块链与人工智能结合后，人工智能能够减少区块链的消耗、强化区块链的结构，同时使区块链的管理更高效。而区块链也能够帮助人工智能获得更多数据，为其提供更可靠的预测，并促进自治智能体的形成。

3.1 无处不在的 AI

人工智能通过各种不同的算法运行，这些算法能够反映人类的逻辑，也能够实现由计算机代替人类做一些工作的目标。也就是说，人工智能不仅可以模仿人类的逻辑，还会延伸人类的逻辑。如今，人工智能已经无处不在，每个人都应该对其进行了解。

3.1.1 AI 三大发展阶段

我们要想深入了解人工智能，最好从其发展阶段着手。那么，人工智能究竟经历了哪些发展阶段呢？具体包括以下 3 个，如图 3-1 所示。

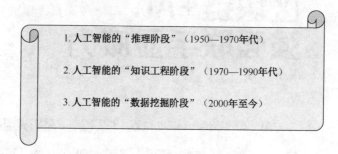

图 3-1　人工智能的 3 个发展阶段

1. 人工智能的"推理阶段"（1950–1970 年代）

在这个阶段，大多数人都认为实现人工智能只需要赋予机器逻辑推理能力就可以。因此，机器只是具备了逻辑推理能力，并没有达到智能化的水平。

2. 人工智能的"知识工程阶段"（1970–1990 年代）

在这个阶段，人们普遍认为只有让机器学习知识才可以实现人工智能，于是大量的专家系统就被开发了出来。之后，人们逐渐发现，给机器灌输已经总结好的知识并不是非常容易的事。例如，某企业想开发一个诊断疾病的人工智能系统，首先要做的是找一批经验丰富的医生总结与疾病相关的知识和规律；然后将这些知识和规律灌输给机器。不过，在总结知识和规律时，该企业已经花费了巨额的人工成本，而机器只不过充当了一台自动执行知识库的工具，无法取代人力工作。由此来看，这个阶段同样没有实现真正意义上的智能化。

3. 人工智能的"数据挖掘阶段"（2000年至今）

目前，机器学习算法得到了比较好的应用，不仅如此，深度学习也获得了迅猛发展。在这种情况下，人们希望机器可以通过数据分析自动总结并学习知识，从而实现自身的智能化。

在这个阶段，由于计算机硬件水平的大幅度提升，再加上大数据技术的不断发展，机器已经可以对数据进行采集、储存、处理，而且水平还相当高，AlphaGo就是验证这一点的最佳范例。

可以看到，从最初的"知识工程阶段"到现在的"数据挖掘阶段"，人工智能一直都是在进步的，其智能化水平也在不断提高。这也在一定程度上说明，人工智能拥有非常广阔的发展前景，未来势必会发挥越来越重要的作用。

3.1.2 AI概述：技术支撑与分类

人工智能的崛起离不开三大技术支撑：大数据、云计算、深度学习。其中，大数据是人工智能的燃料，云计算是助燃的内燃机，深度学习则能够全面提升人工智能的智能化水平。

1. 大数据：人工智能的燃料

李彦宏说过："现在人工智能如此火热，主要是大数据的缘故，正是因为有越来越多的数据，机器才可以做一些人才能完成的事。所以，人工智能将火热无比。"他的这番话说明大数据将为人工智能带去更多的机会。

大数据与人工智能的融合不仅能够促进制造业的设计，还能够提高文化产业的效率。这里以智能写稿机器人为例进行说明。人工智能与大数据的融合可以提高写稿机器人的写稿效率，使其在写稿数量上"战胜"记者与编辑。写稿机器人不仅能够在数量和速度上完胜一般的编辑，在资料获取的能力上也要略胜一筹。

2. 云计算：人工智能的内燃机

在人工智能领域，云计算通过对大数据挖掘出的海量数据进行储存和计算，使数据发挥最大的作用。如果把云计算和人类进行比较，云计算相当于人类的大脑，是处理和反馈信息的神经中枢。在云计算的支持下，人工智能可以实现多方面的实际应用，如图3-2所示。

图3-2 人工智能的应用

云计算的强大算力可以帮助人工智能进行数据处理和分析，总结出复杂事件背后的数字规律，再结合各行业的应用规则和习惯实现对人类智慧的模拟，为我们带来诸多便利。

3. 深度学习：智慧大脑

深度学习是人工智能实现自主学习的途径，是人工智能的智慧大脑。深度学习由Geoffrey Hinton等人提出，其中的"深度"二字是对程度的形容，是针对之前的机器学习而言的。深度学习是神经网络算法的继承和发展。传统的神经网络算法包含输入层、隐藏层与输出层（如图3-3所示），是一个非常简单的计算模型。

深度学习中的隐藏层至少有7层，如图3-4所示。一般来说，隐藏层的数量越多，算法刻画现实的能力就越强，最终得出的结果与实际情况就越符合，计算机的智能程度也就越高。

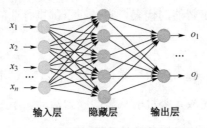

图 3-3　传统神经网络算法的结构

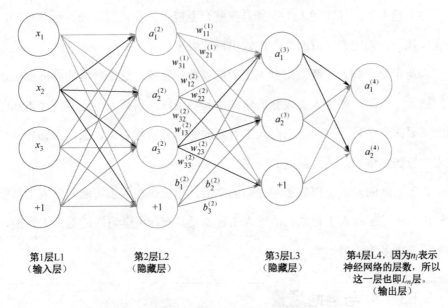

图 3-4　深度学习的多层隐藏层

拥有深度学习的加持，人工智能实现了更大范围的应用，达到根据相关条件进行"自主思考"的目标，完成研究者期待已久的任务。

除了技术支撑以外，人工智能的分类也非常重要。人工智能可以分为三种形态：弱人工智能、强人工智能、超人工智能。当前，我们已经在弱人工智能上取得了较大的成就，但强人工智能和超人工智能则依然处于研发状态。

（1）弱人工智能。弱人工智能主要专注于单方面的人工智能行业。例如，阿尔法围棋就是弱人工智能的代表，它专注于围棋行业的算法，无法回答其他问题。

（2）强人工智能。强人工智能是在推理、思维、创造等各方面能和人类比肩的人工智能，可以完成人类目前从事的脑力活动。不过，强人工智能对技术的要求比较高，当前的技术还无法达到要求。

（3）超人工智能。超人工智能具有复合型能力，在语言处理、运动控制、知觉、社交、创造力等方面都有比较出色的表现。

当前正处于弱人工智能向强人工智能过渡的阶段，这个阶段的发展面临诸多问题，一方面，基于人类大脑的精细度和复杂性，科研人员还有很多未知的行业需要探索；另一方面，当前人工智能的逻辑分析能力比较强，而感知分析能力比较弱，这也是亟待解决的问题。

人工智能的发展会深刻影响我们的生活，无论是弱人工智能向强人工智能的转化，还是云端人工智能、情感人工智能及具有深度学习功能的人工智能，都将创造更多的价值。

3.1.3　AI 与落地场景

百度创始人李彦宏认为我国未来的发展会更依赖人工智能，该技术对供给侧和消费端都产生了很大影响。笔者非常认同这个观点，现在人工智能的落地场景也确实越来越多。根据笔者的总结，人工智能的落地场景如图 3-5 所示。

（1）问题求解。问题求解是人工智能的第一大落地场景，诸如"向前看几步""对问题进行搜索和归纳""将难度比较大的问题分解成一些难度比较小的子问题"等都可以通过人工智能程序解决。另外，人工智能程序已经能对解答空间进行搜索,从而找到更优解答。由此来看,在寻求解答方面,人工智能程序做得非常出色。

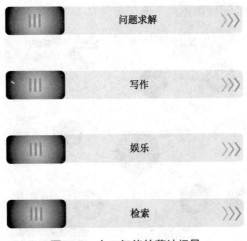

图3-5 人工智能的落地场景

（2）写作。谷歌曾经斥巨资支持一个名为"记者、数据与机器人"的项目。在获得人工智能写稿软件的帮助后,记者的工作效率有了明显提高。在创作新闻稿时,机器人会为记者提供帮助,但在创作深度分析及人文方面的稿件时,机器人则会略逊一筹。

（3）娱乐。游戏是一种十分常见的娱乐活动,人工智能可以使其变得智能化。游戏中的角色可以分为两种类型,一种是由人类通过操纵杆等输入设备控制的玩家角色,另一种是不由人类控制的非玩家角色。这里所说的非玩家角色就是游戏智能化的主要体现。

（4）检索。检索与人工智能结合在一起生成了智能检索。随着技术的不断发展,信息变得越来越多。在这种情况下,如何从海量的信息中快速找到自己需要的信息就成为一个亟待解决的难题。传统的人工检索方式已经无法解决这个难题,人们迫切需要智能检索的帮助。智能检索可以使检索快速、准确、有效地完成。

当然，人工智能的落地场景并不仅限于以上几个，随着越来越多企业的入局，现在已经有很多领域都出现了人工智能的身影，如图3-6所示。

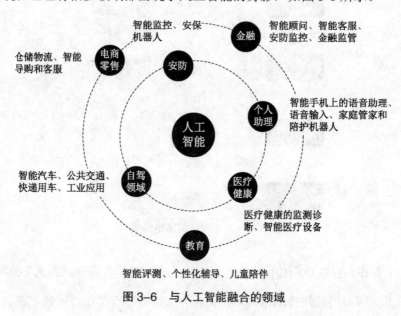

图3-6　与人工智能融合的领域

目前，人类的每一步都在向人工智能迈进，希望有朝一日人工智能可以发挥更大的作用。未来，人工智能不仅会推动社会生产力的发展，还会对生活中的方方面面产生深刻影响。

3.2 区块链与AI的"化学反应"

随着人工智能和区块链的广阔前景都被发掘了出来，这两项技术终于在接连到达关键转折点之际被结合在了一起。若谈及区块链对人工智能的改变，似乎可以体现在加密技术等方面；若谈及人工智能对区块链的改变，则主要体现在高效管理上。

3.2.1 AI 与加密技术紧密相连

　　IBM、谷歌、百度等世界顶尖级企业都在关注人工智能带来的种种变化。谷歌首席执行官桑德尔·皮猜指出，人工智能现在已经融入了农业、医疗、金融等诸多领域，借助这项技术，复杂的知识被进一步简化，普通人就可以掌握并应用于实践。

　　毋庸置疑，人工智能很有优势，但其优势的发挥少不了加密技术的支持与帮助。利用区块链存储数据能够有效保障数据的安全，这主要得益于区块链的加密技术。这说明，区块链是存储数据的理想选择。如果处理得当，这些数据还能够为人们的生活提供巨大价值和便利。例如，通过智能医疗系统，医生可以根据患者的医疗扫描记录做出精准判断，甚至还能简单地采用亚马逊或者Netflix使用的推荐引擎给患者提供合理的建议。

　　人们在浏览页面或者进行交互服务时，系统就会收集数据，这些数据都是高度个性化的。企业必须投入大量的资金才能使用这些数据，从而达到在数据安全方面期望的标准。即使这样，大规模的数据泄露导致数据丢失的现象仍然比较普遍。

　　区块链能够使数据处在一种加密的状态下。这说明，只要私钥被安全地保存在数据持有者那里，就能够保证区块链中的数据都是安全可靠的。

　　在安全性方面，与人工智能息息相关的深度学习就涉及算法的构建，这个算法可以在加密的状态下对数据进行处理。一般来说，在处理的过程中，如果存在没有被加密的数据，就会引发安全风险，借助区块链可以有效避免此风险的发生。

3.2.2 形成自治智能体

在某种情况下，不同的数据合并在一起后，除了可以产生更好的数据集以外，还可以产生更新颖的自治智能体。在这种自治智能体的助力下，新的洞察力可以被获得，新的商业应用也可以被发掘，这也就表示，以前完成不了的事现在已经可以完成。

一般来说，如果对不好的数据进行训练，那得到的自治智能体也会是不好的，即"不好的种子结不好的果实"。当然，这个论断同样适用于测试数据。导致数据变得不好的原因有两种：恶意、非恶意。其中，恶意原因主要包括对数据进行篡改等；非恶意原因则包括数据源出现失误、物联网传感器存在缺陷、崩溃故障、不具备良好的纠错机制等。

这时就会出现很多问题，包括如何判断数据源是否出现了失误？如何保证数据没有被篡改？进出自治智能体的数据是什么情况……总而言之，我们必须对数据进行深入了解，而且，应该知道的是，数据也希望可以拥有信誉。

在这个方面，区块链可以发挥出一些作用。无论在构建自治智能体的过程中，还是在运行自治智能体的过程中，数据提供者都可以通过区块链为数据和自治智能体盖上时间戳，然后将已经盖上时间戳的数据和自治智能体添加到区块链中。这样一来，数据和自治智能体就相当于已经获得认证，同时也意味着其可以被追根溯源。

此外，数据和自治智能体也是"共享式全球注册中心"的两个重要组成部分，都可以被买卖。由于知识产权是受版权法保护的，因此可以作为知识产权使用的数据和自治智能体也同样享有这样的保护。这也就表示，谁能把数据和自治智能体构建起来，谁就可以拥有版权。

此外，如果企业拥有了数据和自治智能体的版权，就可以授权其他企业使用，这里具体包括以下 4 种情况：

（1）企业将自己的数据授权给别的企业去构建自治智能体；

（2）企业授权其他企业把已经构建好的自治智能体添加到其移动应用程序中；

（3）在获得授权的情况下，企业使用别的企业的数据；

（4）企业之间进行层层授权。

可以看到，对于一个企业而言，如果可以拥有版权，那将会是一件非常不错的事。目前，数据的广阔市场已经得到了极大认可，而自治智能体也会亦步亦趋。

在区块链还没有兴起和发展之前，拥有版权的企业可以将数据和自治智能体授权给其他企业使用，相关法律也为此提供了依据。不过，区块链可以使其变得更好，因为就企业拥有的版权来说，区块链提供了一个防篡改的"全球公共注册中心"。这样企业就可以通过数字加密的方法在自己的版权上签名，从而烙上一个"版权归我们所有"的印记。

此外，就企业的授权交易来说，区块链再一次提供了一个防篡改的"全球公共注册中心"。不仅如此，这次不只是数字签名那么简单，而是将版权与私钥联系在了一起。也就是说，如果没有私钥，那么版权就没有办法转让。

由此可见，版权转让似乎已经成为与区块链相类似的资产转让，无论是数字艺术家拥有的版权还是企业拥有的版权都可以受到保护。正是因为如此，数据才得以共享，自治智能体才能被构建出来，从而推动着人工智能在我国的发展。

3.2.3 AI 高效管理区块链

作为同时代的两个热点，人工智能和区块链已经受到了广泛关注。事实也证明，人工智能的确可以高效管理区块链。

首先，人工智能可以节省区块链的消耗。

在数字时代来临及技术不断进步的影响下，需要处理和分发的数据已经变得越来越多，也越来越复杂，例如，一些现代化软件系统的代码行数已经达到了百万级。在维护这些数据时，不仅需要大量的软件开发人员，还必须用到大型数据中心，这也就意味着要消耗许多能源，并占用大量的财务资源。

鉴于此，兰卡斯特大学的数据科学专家开发出了一款人工智能计算机软件，即使在没有人工输入的情况下，该软件也可以用最快的速度完成自组装，并形成效率最高的形式。当然，这也有利于大幅度提升人工智能系统的能效。

这一人工智能系统名为 REx，其基础是机器学习算法。在接到一项任务以后，REx 会在第一时间查询庞大的软件模块库（例如，搜索、储存器缓存、分类算法等），并进行选择，最终将自己认为的最理想形态组装出来。另外，研究人员还为这种算法起了一个非常合适的名称——"微型变种"。

随着我们更频繁地连接设备，需要处理和分发的数据量正迅速增长，数据中心的千百万台服务器也因此需要消耗大量能源。类似 REx 的人工智能系统能找到各种场景下的最佳性能，提供新方式，大幅减少能源需求。

其次，人工智能可以强化系统固定结构。

早前，AIC 数字资产企业公布了一份资料，资料显示，该企业正想方设法实现人工智能与区块链的融合，而且已经取得了比较不错的成果。对此，相关开发人员表示，在人工智能的助力下，区块链的整体安全性已经得到了大幅度提高。

区块链诞生至今都没有人工智能的能力。第一代区块链是比特币，虽然创造了一个分布式的金融体系，但是脚本语言简单，只能做简单的转账、支付；第二代区块链是以太坊等经过优化的平台，试图通过扩展脚本、虚拟机等方式来解决拓展区块链的功能，如编写智能合约、开发 DApp 去中心化应用等，但是以太坊因为在链上运行，运算能力、储存能力和网络能力都还比较弱，无法运行人工智能的语义理解、机器学习和多层神经网络等能力。

AIC 数字资产企业通过人工智能努力打造第三代区块链，到目前为止还没有真正意义上做这件事情的企业。首先是因为这的确是技术"硬骨头"，很难啃下来；其次是很多企业都选择容易做、容易赚钱的事情，不愿意去碰这块技术"硬骨头"。

不过，AIC 数字资产企业拥有专业、沉稳的团队，这个团队的愿景非常简单，就是让区块链与人工智能结合。由此可以知道，AIC 数字资产企业希望可以借助人工智能打造出第三代区块链，并使其发挥出比前两代区块链更强大的作用。也就是说，一旦打造出第三代区块链，无论是能源消耗的优化程度，还是系统固定结构的安全性，都可以有一定程度的提升。

最后，人工智能可以管理区块链的组织。

传统的计算机虽然计算速度非常快，但是反应比较迟钝。如果在执行一项任务中没有明确的指令，计算机就无法完成任务。这意味着，因为区块链的加密性，要想在传统的计算机中使用区块链数据操作，那就必须要有强大的处理能力。

例如，在区块链中，挖掘块的算力就采用了"蛮力"方法，那就是一直尝试每一种字符组合，直到找到一种适合于验证一个交易的字符。利用人工智能就可以有效摆脱这种"蛮力",通过更聪明、更有思想的方式管理任务。例如,假设一个破解代码的专家在整个职业生涯中成功破解越来越多的代码,那就会变得越来越有效率。

一种由机器学习推动的挖矿算法能够以类似专家的方式处理工作,这与一名专家花费一生的时间成为专家相比会更简单。我们可以通过机器学习获得更正确的培训数据,并且在瞬间就提升自己的技能。

区块链和人工智能的结合给人们带来一个全新的领域,在通信架构和自动技术上开发新的应用。作为一项具有创新思维的技术,区块链的"去中心化"模式具有很强的可操作性。无论是在我国,还是其他国家,如果把人工智能与区块链结合起来,将会带来颠覆性的互联网科技革命,也能够给我们的生活带来全新的体验。

3.3 区块链与 AI 的具体应用

近些年,随着人工智能的不断发展,人们对其的熟悉程度也越来越高。在未来的 10 年或更久的时间里,人工智能将是各行各业争抢的热点,也会成为推动区块链发展的重要突破口。为此,很多企业都在想方设法将区块链与人工智能结合在一起,研发更有价值的产品。

3.3.1 ATN:独特的人工智能共享服务平台

创新一共有两大源泉,一个是开源,另一个是共赢。作为一个独具特色的"区块链+人工智能"项目,ATN 充分利用区块链的特性,构建起一个多中心协调的人工智能服务共享平台,将人工智能及机器人的力量汇聚在一起,以便共同开发人工智能网络。

众所周知,"重复造轮子"不仅浪费资源,还浪费时间。因此,在整体设计上,ATN 结合了一些区块链项目的想法,如以太坊、oracle、跨链代币等,这样一来,可以解决人工智能服务与智能合约之间的互操作问题。

ATN 充分借助区块链的力量,搭建一个可供 AIaaS 使用的开放性经济系统。该系统不仅可以让人工智能服务的交易和互操作更多,还可以使人工智能的能力得到大幅度提升。另外,ATN 还设计了人工智能服务的接入方式,这样无论是人工智能服务的提供者,还是人工智能服务的使用者,都可以非常容易地使用人工智能网络。

可见,ATN 希望能够通过技术创新为其他人工智能企业提供渠道和便利,这也就表示,ATN 的目标并不是对其他人工智能企业进行整合,而是让其他人工智能企业对自己进行整合,从而构建一个汇聚全球人工智能能力的多中心分布式的共享平台。

在这样的平台上,无论是企业,还是高校,或是个人,都可以非常容易地得到所需的人工智能能力,并进行相应的开发和创新,这有利于加快人工智能进入各个行业的速度。

在区块链行业,区块链脚本语言过于简单是一直存在的问题。借助合约编程语言及 EVM 虚拟机技术的力量,以太坊不仅成功解决了这个问题,还带来了去中心化的应用平台,从而使企业可以更好地应用区块链。

然而,智能合约实际上并没有那么智能,区块链也不具备非常强的运行去中心化应用程序的能力。因此,区块链可能无法实现某些方面的能力,如多层神经网络、机器学习、人工智能的语义理解等。鉴于此,ATN 的 DBOT 技术充当了桥梁的作用,将区块链与人工智能完美地连接在一起。另外,通过经济激励,智能合约执行结果的一致性也有了保障。

随着 ATN 团队的逐步扩大,ATN 项目获得了不错的发展。目前,ATN 已经可以为以太坊上的去中心化应用程序提供人工智能服务,也可以为以 EVM 为基础的公有链(如 Qtum 量子链等)开创人工智能入口。此外,ATN 搭建的人工智能共享网络也已经和多个人工智能平台相连,如阿里巴巴、亚马逊、科大讯飞、百度、腾讯、谷歌、微软、IBM 等。

3.3.2 SingularityNet:开源协议和智能合约的集合

现在是技术当道的时代,互联网改变了传统行业,人工智能和区块链改变了互联网,甚至整个世界。之前,为了抢占市场上的优势地位,很多技术都是由某些企业独自发展起来的,这样并不利于技术的升级。然而,SingularityNet 的出现打破了这种局面,一个全新的"区块链+人工智能"时代即将来临。

SingularityNet 旗下有一个"人工智能应用商店",其主要作用是将人工智能的资源集合在一起,达到共享代码和销售程序的目的。在"人工智能应用商店"中,开发者可以推广自己开发的智能产品,也可以与其他开发者进行代码层面的协作。

SingularityNet 的"人工智能应用商店"是以区块链为基础进行构建的,其数字公共分类系统将效仿比特币的架构。这个"人工智能应用商店"其实是一个具备交换和共享功能的数据库,任何人都可以对里面的数据进行访问、验证、使用。正是因为有了这种公开、透明的设计,SingularityNet 才得以将贪污、黑客攻击等现象扼杀在摇篮里。

现在,很多企业都在积极研究人工智能、区块链等技术,但是这些企业之间的合作和交流并没有特别深入。实际上,多方协同开发的方式更能推动技的发展，使各个行业和领域可以用更快的速度实现转型升级。

人工智能与区块链的未来需要有 SingularityNet 这样的推动者，技术的进步也需要各方一起努力。新的技术应该在世界范围内交换与共享，由各国携手解决研究过程中的难题，这样才可以引领时代新局面。

3.3.3　ObEN：推出 AR 社交应用 PAIYO

ObEN 作为美国的一家人工智能企业，主要致力于为用户打造个性化的人工智能，从而为用户带来虚拟的社交体验。ObEN 可以把用户上传的个人图像和音频构建成一个个性化的虚拟形象，并帮助用户管理和运营这个虚拟形象。

你不妨设想一个这样的场景：在自己的网络中有一个虚拟形象，不仅外形像你，说话声音也很像你。在不断发展的过程中，这个虚拟形象甚至还会拥有和你一样的性格，成为你的私人秘书，为你安排日常的工作和生活。

在 ObEN 的助力下，上述场景成为现实，用户不仅能够创建自己的虚拟形象，在网络中看到其他人的替身，还能够进行日常的交友及互动。例如，工作繁忙的明星可以创建自己的虚拟形象，实现和粉丝的交流与互动。

个性化的人工智能需要大量的数据支撑，ObEN 希望用户能够贡献更多的数据，以便更好地训练自己的虚拟形象。那么，如何保证用户对自己的数据拥有控制权？区块链是一个不错的办法。用户可以通过区块链自主决定要创建的虚拟形象，整个过程都围绕着数据进行，这些数据是用户自己提供的，由用户自己保管，非常安全、可靠。

此外，区块链还能够引导用户贡献数据。ObEN 借助区块链创建数字货币，用户能够在贡献数据的同时获得这些数字货币。也就是说，ObEN 通过让用户获得奖励的方式推动用户把不愿意共享的数据和资源都贡献了出来。

总之，区块链能够为网络提供一个安全的公共基础架构，使每个用户的虚拟形象都可以在复杂的环境中实现交互或者进化。去中心化的模式给予了用户权利，而不是让用户成为企业的利润来源。

虽然区块链的概念得到了普及，但基于此项技术的应用还比较少。ObEN想改变这种局面，希望利用区块链让用户更有安全感，从而贡献更多的数据和资源，使虚拟形象更完善。为此，ObEN与Project PAI达成合作，共同推动人工智能与区块链的融合。

任何有关个性化人工智能的技术和应用都能在Project PAI的公链上开发。例如，娱乐企业能够以旗下的艺人为中心制作及管理虚拟形象，甚至还可以在公链上开发衍生出来的属于艺人自己的人工智能私有链，并创建数字货币。粉丝可以利用数字货币换取演唱会门票、电影票、电子唱片等产品，这些行为可以在区块链中产生很多有价值的互动数据。

在区块链与人工智能的结合中，ObEN能够利用区块链保证每个虚拟形象的真实性，同时还能够保证每个虚拟形象都由用户自己授权、管理及应用。目前，ObEN仍然希望可以找到让用户贡献更多算力的方法，并在"区块链+人工智能"领域积极探索。

第4章

区块链+物联网：多角度发挥优势

近几年，物联网正在以迅猛的态势不断发展，联网设备也越来越多。但即使如此，市场对物联网的缺点仍存在不少质疑。传统的物联网是中心化模式，难免存在一定的安全隐患。如果物联网基础建设的单点遭到攻击，所有的联网设备都会受到影响。然而，在点对点验证的区块链出现以后，物联网就可以选择新的运作模式——去中心化模式。

4.1 区块链为物联网应用节省资金

相对于其他技术来说，物联网比较容易，也比较可能与区块链融合。而且，截至目前，区块链确实为物联网解决了很多问题，例如，让数据传输、中心计算、多主体协作等成本不断降低。对于物联网来说，这些问题的解决就意味着节省了资金。

4.1.1 降低物联网的数据传输成本

在传统的物联网模式下,数据都是由一个中心收集和传输的,这种方式花费的成本很高。那么,成本方面的缺陷应该如何弥补?这就需要引出物联网的"好搭档"——区块链。

区块链具有去中心化的特征,可以让设备通过点对点直接互联的方式传输数据。在这个过程中,通过中心化云服务器传输数据的环节已经消除,点对点直接互联的方式也有效缓解了计算压力。

此外,区块链还可以充分利用闲置设备的算力、储存空间、带宽,从而大幅度降低数据的计算和储存成本。之前,如果想要利用其他企业或个人的设备传输和储存数据,各方必须就利益分配问题达成一致意见。通俗地讲,为运营商提供设备的其他企业或个人可以迅速获得丰厚利润,例如,根据传输和储存的数据量收取一定费用。

就当下的技术条件看,如果各物联网运营商之间想要实现资源的交换和共享,就必须达成一个协议,同时还要设计好结算系统。在物联网时代,这样的模式需要比较高的管理费用和实施成本,实现起来通常比较困难。

有了区块链,运营商的设备可以直接通过加密协议传输数据,然后按照数据量进行计费结算。而且,区块链的智能合约可以把每个设备都变成自我维护和可调节的独立节点,这些节点可以在达成协议或后续加入规则的基础上执行某些比较重要的任务。

总而言之,当"区块链+物联网"实现以后,设备将很难被损坏,数据传输的速度和成本也将迎来可喜变化。这不仅有利于减少运营商的损失,还可以让物联网迸发新的活力。

4.1.2 降低中心计算成本

一个自动化的场景中可能有数百个集成的传感器，这些传感器每秒发送 3 个数据，大部分数据会在 5 秒钟后完全失去作用。数百个传感器、多个进程、多个系统需要在很短的时间内计算这些数据，成本的高昂可想而知。

不过，自从边缘计算出现后，这样的情况就有了明显改善。因为受到物联网发展的影响，边缘计算已经成为当下比较热门的技术之一，引得各大巨头纷纷入局。那么，边缘计算到底是什么？它又如何降低中心计算成本？

简单地说，边缘计算指的是在靠近数据源的网络边缘开放一个平台，这个平台能够融合网络、算力、储存空间的核心竞争力，然后就近提供边缘智能服务。边缘计算将数据的处理进行了转移，从云中心转移到网络边缘，而数据的计算和储存则可以进行相应的分散，这样不仅能够缓解云中心的计算压力与带宽压力，还能够优化网络服务架构。

在区块链与物联网的结合上，用户规模越大，对系统性能的要求就越高，对系统进行优化的难度也越大。在算力及时延问题上，区块链显得力不从心已经是公认的事实，这是基于其本身特性而言的。不过，边缘计算似乎可以凭借自己的优势实现对物联网、区块链的优化，从而对上述缺点进行一定程度的弥补。

物联网的设备仅具有十分有限的算力，可以使用的耗能也不是特别多，这两点是制约区块链与物联网结合的瓶颈，但边缘计算的出现能够将其解决。以移动边缘计算为例，移动边缘计算的服务器能够代替设备完成大量的任务，如工作量证明、对数据进行加密，达成共识机制等。可以说，移动边缘计算的服务器在算力与耗能上刚好与区块链形成了互补。

此外，区块链、边缘计算的结合还能够提高效率。例如，借助区块链，边缘计算的服务器可以充当物联网的局部处理器，用于处理数据，为物联网分担压力。同时，边缘计算的服务器可以优化和调整设备的工作状态与工作路径，从而达到区域化的效率调整。

从另一个角度讲，设备将部分数据储存在边缘计算的服务器中，此举既能够缓解自身的工作压力，又能够在区块链的帮助下保证数据的安全。

总之，边缘计算与区块链的结合是对物联网缺陷的有效补充，有利于在保证安全性的情况下提升物联网的效率。

4.1.3 削减高昂的多主体协作费用

如今，很多物联网都是运营商、企业内部的自组织网络，一旦涉及多主体协作，建立信用的成本就会变得非常高。不仅如此，多主体协作还非常不容易完成，需要大量的资源，购置这些资源也是一笔非常大的开销。

区块链作为一个去中心化的账本，能够促进数据在各主体之间的流动。因此，在降低多主体协作成本上，区块链有一定的优势，具体可以从以下三个方面进行说明，如图 4-1 所示。

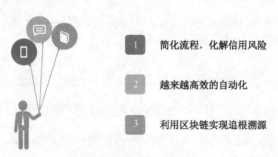

图 4-1 区块链降低多主体协作成本的 3 个方面

1. 简化流程，化解信用风险

多主体协作的流程通常比较烦琐，需要经历较多的环节，而且中间还很可能夹杂着信用风险。例如，信用风险会导致证券结算的失败，并造成整个金融市场的不稳定。另外，如果证券机构不慎倒闭或者系统出现故障，证券结算也无法顺利进行。

不过，要是把区块链应用其中，证券交割和资金交收就相当于被放到了同一个操作指令上，这可以大幅降低违约带来的损失。通过区块链，证券结算不会完全依赖于证券机构，可以在短时间内把信息传送到网络上。

可以说，区块链的分布式记账保证了证券结算的安全性，降低了操作风险，同时也简化了烦琐的流程。

2. 越来越高效的自动化

有了区块链以后，多主体协作逐渐走向了自动化，这不仅意味着成本的降低，也意味着效率的提高。以股票交易为例，传统的股票交易需要通过券商实现，整个过程通常比较耗费时间和成本。加入了区块链的股票交易系统，使股票交易变得更自动化，也更安全。

其实很多时候，股票交易会涉及一些第三方，如股票交易所等，这个系统可以自己发行凭证，让股票交易在脱离第三方的情况下自动进行。总之，在区块链的帮助下，多主体协作的进程能够加快，准确度也可以有所提高。

3. 利用区块链实现追根溯源

与多主体协作一同而来的是责任认定问题，这个问题如果解决不好，就会引起不必要的损失。以涉及多个主体的供应链为例，区块链可以实现供应链的防伪、溯源、追踪，能够大大提高信息的安全性，保障供应链管理的及时性。

在各主体之间搭建区块链联盟对资质检疫情况等进行认证，将所有环节的信息公开,可以实现追根溯源,增加了整个过程的信任。另外,在区块链中,每个产品都有自己的"身份证",产品所到之处还会有数字签名和时间戳,这使得参与供应链的各主体可以随时查询、追踪信息,将风险降到最低,从而推动整体效益的最大化。

4.2 区块链巩固和加强网络安全

物联网让生活变得更便利、美好,这是无可争议的事实。但与之一同而来的还有越来越没有保障的网络安全。如今,很多联网设备都可能被不法分子利用,用户的隐私正在遭受严重威胁。区块链凭借自身特有的加密技术,可以为网络安全保驾护航。

4.2.1 物联网为什么无法保证网络安全

物联网让个体之间的联系更紧密,在这种情况下,任何一个针对个体的网络攻击都有可能向更广的范围蔓延。根据物联网的普及程度,一旦出现这样的网络攻击,势必会引发一系列的安全问题,如僵尸网络和分布式拒绝服务攻击、高级持续性威胁、敏感数据窃取、控制汽车、入侵房屋、私自与儿童沟通、攻击人的身体等。

如今,由于物联网的存在,联网摄像头可以被远程控制,相关设备也能够被随时访问和检查。然而,如果在使用的过程中,这些摄像头和设备没有得到足够的安全保障,那么攻击者就可以通过扫描对其进行控制。

物联网遭受攻击后不仅会影响人们的日常生活,还会阻碍企业的正常运行。据统计,现在的网络攻击数量较之前有了大幅度增加,这必须引起人们和企业的重视。现在，随着智能连接系统的普及，很多企业都会把设备引入生产中。不过，这些设备使用的密码都不太合格，有的是"用户""管理员"，还有的直接是出厂密码，这真的非常不安全。

对于物联网而言，网络攻击可以分为两种：入站和出站。入站的主要目标是设备，如电话、平板电脑、摄像头等；出站其实就是 DNS 放大，主要由路由器问题引起。要想避免这两种网络攻击，充分保护物联网的安全，我们可以采取以下三种方法：定期更改智能工具和家庭互联网的密码、不要随便连接未知的 Wi-Fi 和蓝牙，及时对软件进行升级。

对于方法三，很多人会觉得麻烦，因为现在 iOS 和 Android 的升级都比较频繁，但不得不承认的是，安全问题与软件升级之间有着非常密切的联系。

除了以上三种方法，限制 SYN/ICMP 流量、过滤 RFC1918 IP 地址也可以避免网络攻击。但无论如何，我们还是应该及时遏制网络攻击，不要等真的蒙受损失以后再去懊悔。

4.2.2 区块链让物联网更加安全可靠

从某种程度来说，联网设备是人们状态的同步，要是不慎出现安全问题，产生的危害将会十分巨大。区块链被认为是新时代催生出来的技术，有些企业希望借助这项技术打造一个更加安全的物联网。在提升物联网安全性方面，区块链的作用比较大，主要包括以下几个。

1. 有效解决信息泄露问题

在不可篡改特性及数字加密技术的基础上，区块链可以充分保护记录在其上的信息。因为区块链的每个节点都参与了信息的记录和储存，所以只要不超过 51% 的节点发生故障或是遭遇恶意袭击，那就不会对全局造成影响，区块链就可以继续"工作"。

而且,并不是所有的信息都必须跑在"链"上,也并不是所有的信息都必须公开、透明。除了数据共享交易的各参与方,不会有其他任何一方可以获得信息,这就在很大程度上保证了信息的私密性。

在区块链的助力下,信息不可能被泄露,也无法被篡改,对于各领域而言,这是非常重要的。因此,可以预见的是,越来越多的企业将引入区块链,并以此保证信息的安全和自身的长远发展。

2. 取代公钥基础设施的可能性

区块链之所以能够保证物联网的安全,一个很重要的原因就是其始终在寻求取代 PKI 的可能性。这里所说的 PKI 一般是公钥基础设施,可以为电子邮件、消息应用程序、网站,以及其他通信形式的公钥加密。

不过,PKI 要想充分发挥作用,必须依赖于可信第三方,因为可信第三方会为其发布、撤销、储存密钥。但在这个过程中,攻击者可以针对这些密钥破坏加密通信,然后对身份进行伪造。如今,市场上出现了很多希望通过区块链提升物联网安全性的企业。

例如,初创企业 REMME 以区块链为基础为旗下的联网设备配置了专属的 SSL 证书;CertCoin 通过不懈探索,成为第一批实现 PKI 的企业;发展非常好的区块链企业 Guardtime 利用区块链创建无钥匙签名基础设施,并进行了取代 PKI 的大胆尝试。

3. 构建安全且受信任的 DNS

自从僵尸网络出现后,有一件事情已经可以被证实,那就是物联网设施很容易被非法入侵。为此,Nebulis 开发了一个以分布式 DNS 为基础的项目,这个项目可以应付各种情况下的大流量访问请求。另外,Nebulis 还使用了区块链和 IPFS 文件系统，此举的主要目的是对域名进行注册和解析。毋庸置疑，正是因为融入了区块链，Nebulis 才可以迅速构建起更安全、更受信任的 DNS。

随着大批存在漏洞的联网设备流入市场，攻击的成本和难度都会越来越低，这就为攻击者提供了良好的条件，进而促使违法行为的不断增多。不过，自从区块链与物联网实现进一步融合以后，像 Nebulis 这样的案例持续涌现，这在很大程度上保证了联网设备的安全。

4. 进一步缓解 DDoS 攻击

在 DDoS 攻击的过程中，攻击者会访问很多受感染的计算机，淹没目标网络和一些敏感数据，最终导致其关闭。因为受感染的计算机可以轻松租用，所以每个人都能在没有太多障碍的情况下拆除网络。例如，一个心怀不满的游戏玩家可能会使用 DDoS 攻击导致 Twitter。

DDoS 攻击的部署成本并不太高，有些甚至只需要 150 美元/周，这也滋长了攻击者的嚣张气焰。根据过往经验，阻止 DDoS 攻击的成本一点都不低。基于此，降低阻止 DDoS 攻击的成本便成为当务之急，区块链的出现恰巧可以解决这个棘手的难题。

以初创企业 Gladius 为例，其目标就是创建一个分散的点对点的节点网络，将还没有使用的带宽、储存池与寻求保护的网站相连。

在区块链的帮助下，私钥和网络上的系统连接在一起，实现了相互通信，通过这些私钥，联网设备可以安全地传输数据。另外，因为区块链比较分散，所以攻击者即使获得了访问私钥的权限，也还是要入侵所有的系统，这无疑进一步加大了 DDoS 攻击的难度，使联网设备和数据变得更安全。

4.3 助力农业再升级

农业是一个基础性行业,其进化速度比较缓慢,但随着技术的进步和经济的发展,这样的情况显然已经不复存在。对于农业而言,各种各样的技术已经开始发挥作用,正在颠覆以个人经验为中心的传统管理模式。区块链、物联网、农业三者的融合更是产生了很多优势,如打造智能生态农业、防止农业保险诈骗等。

4.3.1 农业物联网推广难题亟待解决

自从物联网出现并兴起以后,农民的"手动劳作"生活就发生了改变,一些联网设备也开始应用到种植、生产、灌溉、施肥、管理等各环节中。但不得不承认,农业生产不标准、应用过程中的高昂成本都影响了物联网在农业中的大规模推广。

1. 农业生产不标准,过于随意、粗放

之前,因为农业的各项工作都需要农民亲自完成,所以农作物的产量确实比较低。为了改善这种情况,一些农民就会使用有害的化学物质,如高效化肥、剧毒农药等。正是由于这些违规现象的存在,才会导致一系列严重的后果。例如,农户盲目追求高产,过量使用化肥造成农产品污染,消费者在食用污染的农产品后对身体造成危害。

另外,在互联网时代,农产品实现了线上线下的双营销模式,从生产、加工、运输、储存再到营销需要多个环节才能真正到达消费者手中。但这些环节是独立的,参与者之间也缺乏沟通,很难保证农产品的质量。

2. 应用过程中的成本十分高昂

农业物联网立足于现代化，融合了包括物联网、云计算、移动互联网在内的多项国际领先技术，其架构主要包括以下四层，如图4-2所示。

图4-2 农业物联网的架构

可见，农业物联网不仅拥有坚实的技术基础，还得到了多层次架构的支持。此外，其功能也很强大，包括远程自动控制、随时掌握农业现场数据、智能自动报警、视频图像实时监控等。正是因为有了这些功能，农业物联网才可以在农作物生长的过程中发挥作用。

然而，在应用方面，农业物联网的成本高，大部分农民负担不起。因此，要想使其大规模普及，还有很长的路要走，同时也应该借助一定的技术。

4.3.2 区块链助力智能生态农业的打造

虽然某些原因正在制约农业物联网的应用，但有一个事实绝对不能否认，那就是区块链可以打造智能生态农业。这个事实需要从以下四个方向进行说明：迅速找到源头，提升农产品的安全；加大供应链的监管力度；智能合约降低农产品的变现难度；防止农业保险诈骗。

虽然在很多人看来，区块链主要与金融领域相关，但随着这项技术的不断发展，可以与其融合的领域正在逐渐增多，连食品供应链也不例外。要知道，如果食品供应链可以被实时监测，那么食源性疾病就可以得到很好的预防。

传统的食品供应链会涉及很多环节，而且每个环节都会产生大量的数据，如果将这些数据记录和储存在中心化的数据库中，很可能会被不法分子删除或者篡改。一旦出现这种情况，生产商、经销商、零售商、消费者都会受到影响。也就是说，当消费者因为食用有安全问题的食品而患上食源性疾病时，对这个食品进行追根溯源将非常困难。

自从区块链发展后，上述问题就可以解决。区块链是一个去中心化的分布式账本，可以记录和储存食品供应链上的数据，并追踪到食品供应的每个环节。在此基础上，生产商就可以采用一些技术（如区块链、物联网传感器、大数据分析等）监测食品在生产和运输时的情况，这有利于充分预防食源性疾病。

目前，绝大多数生产商都会在食品外包装上贴一个二维码标签，这个二维码标签不仅是唯一的，还记录了一些数据，如原材料产地、食品加工地、食品处理方法、食品储存温度等。

不仅如此，食品供应链上每个环节的工作人员都可以通过二维码对数据进行登记。有了这样的二维码，当食品出现问题时，消费者就可以直接追踪到源头，保护自己的利益。

盒马鲜生是阿里巴巴旗下的一个新零售代表，其"日日鲜"系列的土豆、西红柿、苹果、橘子、猪肉、鸡蛋等食品已经实现了全程动态化的追踪。通过扫描食品上的二维码，消费者可以获得生产基地的照片、食品的生产流程、生产商的资质情况、食品的检验报告等信息。这既方便了消费者对信息的查询，又增加了消费者对盒马鲜生的信任和喜爱。

可见，盒马鲜生深入食品供应链的源头，对生产商的资质、食品的安全生产等环节进行了把控。目前，盒马鲜生已经将食品供应链监测与区块链整合在一起，实现了食品供应的全程数字化追踪，打造了一个完整且可持续运营的食品安全管控体系。

4.3.3 区块链如何防止农业保险诈骗

对农民来说，农业保险是避免自己遭受损失的一个"利器"。然而，有一部分心怀不轨的人把这个"利器"变成了获取非法所得的工具，经常上演诈骗的戏码。

保险理赔率总是稳居首位，粮食却接连稳产高产；现场和照片呈现出一片受灾的景象，粮食的产量却未受到任何影响；不法分子伪造粮食绝收的现象，向保险企业索取巨额理赔……接二连三的农业保险诈骗事件正在发生。

此类事件不仅会破坏农业生态，还会让保险企业遭受不必要的损失。如今，区块链凭借智能合约、不可篡改等优势承担起了解决这个问题的重任。很多保险企业的目标已经变成建立一套以区块链为中心的新型信用体系。

借助身份识别等技术，智能合约的自动执行可以被触发，从而实现保险的自动赔付，保险企业的工作效率会大大提升，农民的保险体验也会有明显改善。除了智能合约这样的基础应用，区块链还可以在数据交换场景中发挥效力。而且，在区块链的助力下，很多保险企业都成功建立了保险反诈骗联盟。

在保险反诈骗联盟中，区块链虽然被很好地应用于核保和核赔等方面，但从整体上看，其依然处于技术验证和实践阶段。不过，在保险领域陆续引入人工智能、互联网、大数据等技术后，这些技术就会和区块链结合起来，成为推动保险产品创新的强大动力。

实际上，区块链在保险领域的应用已经比较广泛，这得益于国家的发展、技术的进步、区块链企业和保险企业的不懈努力。当然，如果按照这样的趋势发展下去，区块链将能够识别更多的农业保险诈骗行为，从而推动着农业和保险领域的不断发展。

4.4 区块链赋能物联网的经典案例

实际上，很多企业都已经感受到区块链在释放物联网潜力方面的强大能力。而且，IBM 也在一篇报告中指出了区块链的价值："区块链是在发生互动的设备之间促进交易处理和协作的框架。每个设备都对自己的角色和行为进行管理，这就催生了'去中心化、自主运作的物联网'。设备可以自主地执行数字合约，与各个设备建立协议、支付和贸易关系，这让它们能够以自我维护、自我服务的形式运行。"

鉴于区块链的价值，很多领域的巨头都开始在这方面布局。相关资料显示，除了美国有些企业没有披露区块链相关项目以外，Filament、MTC、物付宝都在各自的云平台上提供区块链服务，为未来海量的联网设备接入制定战略。

4.4.1 Filament：致力于物联网研究与探索

目前，很多科技巨头正不断探索区块链在物联网领域的应用，例如，Filament 就从硬件基础方面挖掘区块链在物联网领域的无限可能。Filament 的主要目标是建立网状网络上的无线家庭安全系统，致力于实现工业设备之间的连接。

Filament 借助自身的成绩获得了 500 万美元的 A 轮融资，并与通信协议 Jabber/XMPP 的发明者杰里米·米勒（Jeremie Miller）合作。这意味着 Filament

决定复制 Jabber/XMPP 通信协议的成功之路，因为 Jabber/XMPP 是美国在线即时信使（AOL Instant Messenger）等聊天应用的开放标准替代物，现在已经被 Facebook、谷歌及微软等巨头在不同程度上采用。

Filament 的项目主要针对工业市场，可以帮助一些企业在效率上取得新突破。试想一下，工业设备一般都分布在比较辽阔的范围内，或者部署的地方非常偏远，甚至没有信号，如铁路网络，石油管线等。要想使这些工业设备加入物联网，首先要解决的问题就是信号传输。

另外，当用户通过网络对物联网中的设备进行操作时，整个过程产生的数据都会记录在日志上。随着需要操作的设备越来越多，服务器的储存能力和运算能力必须越来越高，这就导致实现"万物互联"的成本非常高。

Filament 是如何解决上述问题的呢？Filament 以区块链为基础开发了一套能把现有工业基础设备通过远程无线网络沟通起来的技术。这种远程无线网络的用途非常广泛，包括追踪自动售货机里面的存货情况、检测铁轨的损耗情况、帮助农场主管理自家的农场等。

借助远程无线网络，Filament 还推出了 Filament Tap（一种便携式连接设备）。Filament Tap 内部嵌入了可以检测并监控周边环境的传感器，这有利于实现远程无线网络的快速部署，使其与周边 10 英里（1 英里=1 609.344 米）以内的节点进行通信，还能够通过手机、平板电脑与计算机进行无障碍沟通。

Filament Tap 与周边 10 英里以内的节点进行通信还处于测试阶段，一旦测试成功，该设备将被用于监视电力设施，从而降低人工检查电力设施的成本。如果 Filament Tap 发生着火或者其他意外状况，互联互通的其他设备也可以向电力企业发出提醒。

总而言之，区块链将在安全、透明度、大数据管理等方面改善物联网，

Filament 希望从底层硬件出发，为区块链在物联网领域的应用做贡献。

4.4.2 MTC：构建去中心化的自主网络

将区块链与物联网结合在一起能够为社会带来新的技术革命及经济革命。如今，市场上的大部分项目在布局物联网时都是通过自上而下的方式进行的。例如，通过搭建云服务维护数据收取费用。这种方式带来的问题就是效率低、成本高，产生的效果也不理想。

于是，一个在国内从事多年技术研发的团队开始转换思维，从新的角度创立了一个区块链项目——MTC。他们以"非即时物联网通信"的细分市场为入口，利用 Mesh（无线网格网络）从改造底层设备开始，构建一个去中心化的自主网络。

MTC 的优势是可以帮助企业降低成本，具体体现在以下 3 个方面。

1. 更便捷的通信设备改造

MTC 将打造一个利用机器进行通信的 Mesh，以便与其他网络协同通信。Mesh 能够以动态的方式不断扩展自组网络架构，从而使任意的两个或多个设备之间都能够保持无线互联。在 Mesh 中，作为节点的可能是手机、冰箱、汽车、收银机等，节点之间不需要通过互联网就可以实现通信。Mesh 通过一条条较短的无线网络代替传统的长距离网络，使数据和信息能够以最快的速度传输。

基于近场通信技术的 MTC 也可以部署和维护整套解决方案。例如，MTC 可以实现终端设备的连接，包括共享单车、自动售货机的连接。目前，联网设备都使用 Iora、NB-lot 等基站网，有了 MTC 这个去中心化的区块链项目后，成本可以大大降低。

2. 低功耗

现在很多物联网应用仍然采用中心化的控制系统,这种控制系统很难解决设备数量不断增长、通信拥堵等问题,更关键的是还需要付出巨大的计算、储存及宽带成本。区块链能够实现设备之间的点对点传输。

在传输的过程中,参与的节点越多,节约的资源也越多,而且还可以实现高度自主。因此,去中心化的区块链能够变革物联网的生态格局,提升数据计算的效率,保证数据的安全储存,进而构建高效、可信、安全的分布式网络。

3. 简化技术流程

在 Mesh 的助力下,MTC 不仅实现了无网支付,还帮助自动贩卖机、共享充电宝等行业的物联网企业降低网络通信费用。联网设备可以通过用户的手机验证交易是否有效,也可以在离线的状态下把验证信息传回互联网。换句话说,在进行无网支付时,MTC 会先通过 Mesh 来确认支付信息,然后再将其同步给离线节点。

目前,Mesh 主要应用于网络环境复杂和需要近场通信的场景,如地下停车场、矿场灾害救援等。Mesh 的工程比较大,要想进一步普及还有一定难度,但 MTC 团队具有多年的经验及坚持不懈的精神,很可能会取得成功。

4.4.3 物付宝:"区块链+物联网"支付方案

在对物联网做的所有探索中,物付宝(Tilepay)是不得不提的一个探索。物付宝是在区块链的基础上,为现有物联网领域提供一种人到机器或者机器到机器的支付解决方案,从而达到实时接入支付"物联设备传感器"的目的。

物联网之父凯文·艾什顿曾经说过:"物联网的价值不在于数据采集,而在于数据能否共享。"物付宝就是在此基础上进一步挖掘出了物联网的真正价值——传感器的数据。目前,虽然数据的数量是无限的,但企业没有办法对其进行采集,在这种情况下,一个与互联网相连的低成本传感器网络就被建立了起来。

另外,通过自动化的传感设备,计算机可以得到各种各样的信息。但当下时代真正需要的应该是在传感器网络中获取整体的图景,这也是形成物联网的必要条件。在物联网的架构中,传感器铺设是最基础,也是最重要的。不过,私有网络目前掌握着非常多的传感器,而且只服务于单一的应用服务,这就违背了数据共享的物联网愿景。

举两个非常简单的例子。为了确切掌握停车位的剩余数量,停车场管理企业通常会安装一个传感器网络,这样的大型设备通常需要花费巨额的安装和维护成本,但现在只能发挥最基本的作用,其中蕴藏的数据却不能被很好地利用。

某些规模较大的水务企业很可能会把传感器安装在水龙头上,卫生部门就非常希望可以通过水龙头上的传感器追踪人们的洗手频率,并使其成为制定政策的依据。不过,因为这些数据都是属于水务企业的,所以卫生部门也实在是"有苦难言"。

通过上述两个例子可以知道,数据并没有被很好地利用,也没有发挥最大的作用。之所以会出现这种情况,主要有以下两个原因:

(1)市场对数据的极度渴求没有引起企业的重视;

(2)物联网的商业模式存在缺陷,导致数据无法被很好地分享和交易。

基于此,一个可以进行数据分享和交易的全球数据市场就应该被建立起来,而且必须以物联网为核心。此时就出现了一个问题:既然数据是由传感器提供的,那在获取数据时是不是可以直接把费用付给传感器呢?

这个问题就是物付宝正在尽力解决的——对全球物联网数据进行整合,达成设备自盈利的目标，并建立起传感器与传感器之间的"支付宝"（这个"支付宝"必须是去中心化的）。

去中心化是区块链的四大特征之一，物付宝就在此基础上建立起了一个名为 SPV（Simplified Payment Verification）的支付系统。在该系统的助力下，传感器可以用极快的速度加入区块链网络。

不仅如此，如果用户想要注册硬件设备，只要将硬件设备传感器的 IP 地址填写清楚就可以。注册以后，联网设备会有一个独具特色的令牌，这个令牌的主要目的是通过区块链对支付进行接收。另外，为了实现物联网数据的共享和交易，物付宝还建立了一个物联网数据交易市场，并通过点对点的方式确保数据的高效传输和支付的安全。

可以想象，当区块链和物联网结合在一起以后，传感器可以进行数据交易。例如，某个气象站安装了一个用于监测空气质量的传感器，通过物付宝搭建的平台将这些空气质量数据销售出去，无论个人，还是企业、机构都可以购买。

不过，梦想虽然丰满，但现实很骨感。因为物联网的一些弊端（例如，上下游产业链长、复杂性强等），加之区块链还需要一段比较长的时间才可以成熟，所以梦想中的物联网世界还没有到来。但目前，物付宝已经对相关企业进行了整合，并致力于制定一个比较合适的产业标准。

此外，物付宝还与硬件制造商（如 Cryptotronix、ATMEL 等）及智能穿戴设备开发商（如 nymi 等）达成合作，为物联网领域提供了以区块链为基础的硬件小微支付方案。总之，在实现设备自盈利的道路上，物付宝已经留下了越来越多的脚印，而且一个比一个坚实。

第 5 章

区块链+大数据：实现强信任背书

随着经济的迅猛发展，"区块链+大数据"已经成为一个非常明显的趋势。一方面，区块链可以消除大数据信用弊端，从而为用户提供更优质的服务；另一方面，为了充分体现自身价值，越来越成熟的大数据迫切需要一个应用实体。

5.1 区块链和大数据的关系

大数据作为一种非常关键的资产，已经渗透到诸多领域。从宏观层面看，大数据有助于经济决策部门准确把握经济的走向，制定出更符合实际情况的经济决策。从微观层面看，在大数据的助力下，企业经营的科学性、合理性、创新性都会大幅度提升。区块链作为与大数据息息相关的技术，可以让大数据的作用和优势发挥得更充分。

5.1.1 论文为大数据奠定坚实基础

随着数据的爆发性增长,人们获取数据的渠道越来越多。然而,通过挖掘数据的价值预测未来却是常人想都不敢想的事。由于数据的收集、储存、管理和分析等过程没有了技术的制约,越来越多科学家、分析师、企业管理者及创新企业开始对此进行尝试。

来自微软的埃里克·霍维茨(Eric Horvitz)和以色列研究所的 Kira Radinsky 进行了通过大数据预测未来的研究活动。研究资料包括纽约时报 22 年的报纸、维基百科及其他 90 家网站资源。两位科学家希望通过自己的研究对阻止疾病暴发、社会暴乱及死亡有所帮助。

两位科学家的研究成果《挖掘网络到预测未来》论文现在已经发表。论文中提到了利用暴风雨、干旱等自然灾害数据预测安哥拉霍乱暴发的方法。通过分析,两位科学家得出可以提前一年预测到霍乱暴发及蔓延的结论。

在此之前,CSDN 云计算频道就有相关报道称研究者们利用 Twitter(推特)和 Google(谷歌)收集的数据预测流感的暴发,并在《自然》杂志上发表了论文。

当然,谷歌预测流感的方式不是分发口腔试纸或通过医生调查,而是建立一个与流感预测相关的系统,收集与流感相关的数据。例如,在每天收到的数十亿条搜索指令中将"哪些是治疗咳嗽和发热的药物"等特定词条搜集起来,并将词条的频繁使用与流感传播联系起来,及时判断流感的发源地。

普通的疾控中心在流感暴发一到两周后才能确定流感的暴发。谷歌基于庞大的数据库对未来做出了准确预测,即以一种特定方式对海量数据进行分析,获得极具价值的信息。由此可见,大数据对于预测未来具有重要意义,这是一个有待人类研发的科学领域。

波士顿和纽约曾经出现非常严重的流感,当时美国卫生部门的官员及应用开发人员利用大数据对流感进行了有效控制。美国疾病预防控制中心(CDC)主要负责防止流感扩散,其工作人员已经逐渐学会用大数据了解和观察流感的变化。

工作人员清醒地认识到尽管医生是控制流感的"主流",但当下并没有足够多的疫苗普及到大众。而且,疫苗必须根据不同的病毒株研制,这样生产出来的疫苗才能有效防止流感继续扩散。

CDC 为了确认不同地区的病毒株,与科尔全球性威胁基金达成了合作,共同推出 13 周岁以上市民可以注册的 FluNearYou 应用程序,用以监测流感的蔓延速度。该应用程序每周产生的调查报告帮助 CDC 做好了流感扩散的准备及预测。

对大数据的利用就是一场寻宝游戏,科学家们对数据进行分析,将数据的潜在价值挖掘出来,远远高于其基本用途。大数据本身是数据,没有太大的意义,挖掘处理才是大数据发挥价值的关键所在。

随着数据分析技术的成熟,很多企业积累的数据都有可能发挥新的价值。例如,国家用居民和企业的用电量指导智能电网建设、警局用交通事故和犯罪情况指导警方布局破案、政府用消费和税收指导收入分配等。

不可否认,大数据的光芒将整个世界照亮;数据分析技术的成熟将引领人类走向更光明的未来;世界各国对大数据应用的探索增添了人们对大数据未来的憧憬和信心。

5.1.2 区块链是大数据的安全载体

区块链的复杂性及普及率低影响了其应用与推广，但我们无法否认其巨大潜力。因此，我们可以通过强调其巨大潜力吸引开发者的关注。IDC 曾经发布相关报告，称区块链是验证数据出处和精确性的工具，可以用于数据的升级追踪，帮助不同领域获取真正的权威数据。

IDC 的研究主管肖恩·麦卡锡（Shawn McCarthy）表示："当前，政府对 IT 安全、信息安全表现出了极大的重视。区块链是 IT 经理人的强大工具，在数据安全领域的作用十分重大。政府可以利用区块链减少欺诈，搭建和公民之间的新关系。"

根据 IDC 的报告，区块链是改善数据真实性和精确性的基础。区块链可以转移和监控代表有价物品的不同实体，能够在审计和跟踪方面发挥作用。区块链主要利用共享记录跟踪实体活动，从而保证其不受到黑客攻击及未授权更改的影响。如果共享的权威数据版本可以建立起来，众多节点会共同工作以保证数据的完整性。

区块链的共识协议负责检查活动的有效性及是否可以添加到区块链上。审核通过后，区块链会将这个权威记录与其他信息核对。区块链在数字货币、财产登记、智能合约等领域的应用是毋庸置疑的，但是 IDC 的报告关注了区块链的其他特点。

第一个特点是数据权威性。区块链为数据赋予的权威性不仅说明了数据的出处，还规定了数据的所有权及最终数据版本的位置。

第二个特点是数据精确性。精确性是区块链赋予数据的关键特性，意味着数据记录是正确的，其形式与内容都与描述一致。

第三个特点是数据访问控制。区块链可以分别跟踪公共信息和私人信息，包括数据本身的信息、数据对应的交易及拥有数据更新信息的人。

肖恩·麦卡锡总结说："我们建议企业和政府把区块链解决方案的机遇和价值研究纳入第三平台战略，可以通过内部战略档确定区块链的意义及应该遵循怎样的实施路径。"

目前，已经有政府开始测试区块链解决方案的数据保护和数据权威性管理等能力。区块链有望在大数据领域发挥验证数据出处和精确性的关键作用。

5.2 区块链如何助力大数据

业内专家通常认为大数据的发展分为三个阶段。在第一阶段，数据是无序的，没有经过充分检验；在第二阶段，大数据兴起，借助人工智能算法进行质量排序；在第三阶段，大数据通过区块链获得基于互联网全局可信的质量。区块链能够让大数据进入第三阶段。可以说，区块链上的大数据是人类目前获得的重要资源之一。

5.2.1 优化数据采集、储存与分析

数据作为产品，与无形资产的特征相似，可以无限采集、储存、分析而没有损耗。而且，数据所有权、许可使用及收益和转让也都有法律保障。无形财产的初始所有权与其价值起源相关。区块链的诞生保证了数据生产者的所有权。对于数据生产者来说，区块链可以记录并保存有价值的数据，并且将受到全网认可，使数据的来源及所有权变得透明、可追溯。

麻省理工学院（MIT）的研究生 Guy Zyskind 研发了一个区块链项目，得

到了创业家 Oz Nathan 和麻省理工学院著名教授亚历克斯·彭特兰（Alex Pentland）的帮助。该项目名为 Enigma，将为云数据共享带来空前的灵活度，可以帮助企业分析数据，保证用户的隐私安全，并在不共享数据的前提下允许贷款申请人提交承保信息。

人们甚至可以通过 Enigma 项目在市场上售卖加密数据，并且不必担心数据泄露或通过互联网落到陌生人手里。Enigma 项目团队认为："当隐私安全及自动控制得到保证，安全措施增加后，人们可以销售自己的数据。例如，想要寻找临床试验的病人的药剂企业可以检索基因数据库。"

Enigma 项目使用了安全的多方计算密码技术，将数据发往不同的服务器，没有机器可以提取完整的信息，但节点仍然可以获得数据的授权功能。它们可以在不泄露信息的情况下将功能传送到其他节点。Enigma 项目团队指出："没有任何团体能够拿到所有的数据，也就是说，任何一个团体都只能获得没有意义的一部分数据。"

对于企业来说，Enigma 项目可以用来储存用户的行为数据和信息，利用许可系统让员工或合伙人分析历史记录，而且还没有数据泄露的风险。银行也可以在用户提供的加密数据的基础上自动执行脚本，而申请者永远也不会共享财产细节。

5.2.2 破解数据交易难题

数据提供方通常会有这样的顾虑：数据发送出去后很可能会通过其他渠道流入二级市场。而且，数据被转卖的次数越多，价值就会越小。另外，在现有技术的基础上，数据的可复制性和二次传播还没有办法完全避免，再加上数据的价值会随着传播次数的增多而不断减小，所以数据提供方不愿意将数据拿出来交易。

其实,如果对上述内容进行总结,就可以知道数据提供方不想进行数据交易的原因无非就是以下两点:

(1)二次传播导致数据的价值不断减小;

(2)为了获取原始数据全集,数据接收方会进行多次购买。

马太效应会在数据本身的量级上展示出来,如果不能解决数据溯源问题,那数据接收方就必须分次获取数据全集,从而对数据交易产生影响。目前,在商业协议的保护下,数据虽然可以不被二次转卖,但因为存在举证手段缺乏等问题,数据接收方如果违约将无法追责。

俗话说得好:"罗马不是一天建成的。"在现有技术不能避免数据被二次复制和转卖的情况下,让数据具备可溯源性特征也是非常不错的一种手段。当出现数据接收方蓄意违约的现象时,具备举证手段可以在很大程度上消除数据提供方的顾虑。

一个有效的实现方法就是通过区块链的不对称加密技术,对需要交易的数据进行签名,具体包括以下几个环节:

(1)数据交易双方就签名算法进行协商,例如,使用AES128;

(2)数据接收方生成自己的公钥和私钥;

(3)数据接收方将自己的公钥和私钥同时提供给数据提供方;

(4)数据提供方使用私钥签名数据关键字段,如枚举类型、ID类型等。

这里需要注意的是,数值类型通常应该保留明文,再将已经签过名的数据出售给数据接收方,原始数据则由数据提供方保留。如果举一个实际例子,那原始数据就应该是姓名:小王、籍贯:北京、身高:182;而生成的可出售数据应该是姓名:私钥(小王)、籍贯:私钥(北京)、身高:182。

（5）数据接收方购买到加密数据以后，把自己系统内的关键数据用私钥签名进行转换，以便供数据衔接使用；

（6）如果市场上出现相关出售数据，那数据接收方就可以通过公钥对数据进行验证，并根据验证结果了解数据究竟出自哪一个数据提供者。

这种方法虽然可以对具体的数据提供方进行验证，但也存在一个问题：如果数据接收方充满恶意，妄图同时掌握私钥和公钥，那数据提供方就很有可能遭到陷害。这也就表示，要想真正实现数据的追根溯源，除了需要区块链的助力以外，还需要监管机构的公证。

5.2.3 解决大数据风控弊端

作为一个去中心化的分布式数据库，加之自身所具备的去中心化、不可篡改、开放自治、匿名等特性，区块链正在受到越来越多的关注。区块链可以有效解决大数据风控的很多弊端，如数据质量低下、数据孤岛、数据泄露等。

1. 改善数据质量

区块链的每个节点都可以记录和储存交易数据，不仅如此，为了验证交易数据的真实"身份"，这些节点也可以对交易数据进行检查。在这种情况下，交易数据的真实性和有效性就有了保障。另外，由于区块链具有去中心化的特征，因此，无论谁都不可以对区块链上的数据进行篡改，这样数据篡改的可能性就被降到了最低。

在区块链的助力下，数据的公开性、安全性都有了大幅度提升，这也带来了数据质量的提高，以及数据检验能力的增强。除此以外，区块链还可以有效解决4个数据问题，如图5-1所示。

图 5-1 区块链可以解决的 4 个数据问题

记得 OKLink 分析师曾说过:"区块链拥有高可靠性、简化流程、交易可追踪及改善数据质量等特质,使其具备重构金融业基础架构的潜力。"鉴于此,全球各大企业都在积极探索区块链,采取了多种多样的方式,例如,与区块链提供商共同搭建内部解决方案、投资区块链初创企业、设立区块链实验室等。这些企业将成为各大区块链联盟的中坚力量。

2. 解决数据孤岛问题

大数据存在非常严重的数据孤岛问题,区块链有望解决这个问题。因为区块链不仅是一个分布式账本,还具有去中心化、开放性等特征。在区块链的助力下,信息传递到金融市场参与者的过程会变得越来越公开、透明。

不仅如此,作为金融市场中的秩序维护者,监管机构还可以通过区块链中的数据链条预测和分析可能出现的风险,并制定相应的规避措施,以此来保证金融市场的正常运行。

区块链不仅能够解决大数据中的数据孤岛问题,还可以实现不同主体之间的信息共享,从而进一步完善现有的风控模式。另外,在区块链的影响下,区块链创业企业像雨后春笋般不断涌现。不过,对于区块链创业企业来说,提供完善的区块链解决方案是可以的,但这些解决方案能否顺利落地还是一个未知数。

区块链目前的发展状况与 20 世纪 90 年代互联网的发展情形非常相似,其对行业、政府、企业的改变是一定会发生的。到 2025 年，区块链创业企业的数量可能会大幅度增加，区块链联盟的数量也可能会有所增加。

区块链在维护一个可靠数据库时，采取了去中心化和去信任的方式，这也注定了区块链与大数据融合在一起是必然的。甚至可以说，区块链的诞生是对大数据的重构。

3. 解决数据泄露问题

区块链是一个去中心化的数据库，其中的某个节点如果对数据"动了手脚"，那么其他节点会在第一时间发现，这样数据泄露的可能性被大大降低。只有通过私钥的形式，区块链中各节点的身份信息才可以被成功获取，而且私钥还是数据拥有者才可以知道的。

在这种情况下，即使数据已经泄露出去，但如果私钥没有泄露，那些已经泄露的数据也没有办法与节点进行匹配，因此，它们并没有使用价值。另外，区块链只能被算力超过 50% 的黑客攻破，而且随着区块链节点的不断增多，所需的算力还会越来越大。

当节点增多到一定数量时，发动一次攻击的成本就会变得非常高，对于黑客而言，这其实是得不偿失的。由此来看，通过区块链对数据储存技术进行加密，可以最大限度地确保数据安全，从而把数据泄露的风险降到最低。

区块链可以有效解决数据泄露问题，再加上前面已经讲到的改善数据质量、解决数据孤岛问题等强大作用，其已经受到越来越广泛的关注，很多企业也都忙着在相关领域布局。可以说，"区块链+大数据"是解决大数据风控弊端的最佳模式之一，同时，该模式还可以大幅度提升金融业务的风控能力，从而推动金融行业的发展。

5.2.4 在大数据预测市场发挥作用

众所周知,大数据可以应用于预测市场,但很少人看到了区块链在预测市场方面的潜力。线上众筹平台 Augur 洞察先机,率先发现了区块链对大数据调研、分析、咨询及预测市场的作用,称会提供一种类似于普通博彩的服务。

这项服务是去中心化的,其宗旨是"超越体育博彩,创新预测市场"。用户可以使用这项服务在不同的地点对体育赛事和股票下注,还可以对选举结果、自然灾害等其他事件下注。由于 Augur 以以太坊的技术为基础,如果获得重大成功,将进一步奠定以太坊在区块链行业中基础架构的牢固地位。

接下来,笔者就预测市场、Augur、信誉代币的含义进行解释,如图 5-2 所示。

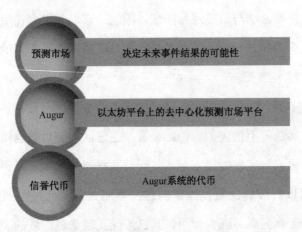

图 5-2 预测市场、Augur 及信誉代币的含义解析

1. 预测市场

预测市场与股票市场有一些相似之处,两者都支持用户买卖股票。不同的是,股票市场是对一个企业的未来价值进行分析,而预测市场则是根据对未来

事件结果的可能性判断做出购买决定。例如，一个预测市场可能问"杰布·布什（Jeb Bush）会在 2025 年被选为美国总统吗？"如果"不会"（No），股票的价格是 0.58 美元。这样我们就可以理解为杰布·布什落选的可能性是 58%。当预测市场通过货币的参与有了足够的流动性和交易量时，其就是世界上最精确的预测工具之一。

2. Augur

Augur 是以太坊平台上的去中心化预测市场平台。任何人都可以使用 Augur 为自己感兴趣的话题创建一个预测市场，如谁会当选美国下一届总统，这是一个去中心化的过程。作为回报，该预测市场的创建者可以获得一半的交易费用。

预测市场的交易流程是这样的：普通用户通过对自己掌握的信息进行判断，并在 Augur 上预测、买卖符合自己判断的股票。例如，杰布·布什不会当选美国总统。当事件发生后，如果你预测正确，持有的股票是正确的结果，那么你的股票每股将会升至 1 美元，你的收益就是 1 美元与你当初的买入成本之差。如果你预测错误，持有的股票是错误的结果，那么你不仅不会获得奖励，买入成本还会全部亏损。

与传统的预测市场相比，Augur 在很多方面都是不同的，其中最重要的区别就是 Augur 通过区块链做到了全球化和去中心化。全球任何区域里的任何人都可以使用 Augur，这为 Augur 带来了前所未有的流动性、交易量及传统交易无法想象的视角和话题。

5.3 "区块链+大数据"开创新天地

在解决大数据无法解决的诸多技术壁垒方面，区块链有得天独厚的优势，将二者融合在一起可以开创一番新天地。为了让区块链和大数据更好地融合，发挥更大的作用，包括 AAA Chain 在内的很多参与者都在努力，取得了不错的成果。

5.3.1 新兴模式：共建未来信用

产品经济最初的方式是物物交换，这种方式的成本很高，为了降低成本，人们开始通过建立信用保证交易的安全。传统的信用建立依赖一个"中心"，这会导致信息的不对称，从而使不法分子利用"中心"的权力损害参与者的利益。

把区块链与大数据融合在一起，可以实现信用建立的去中心化。区块链是一个去中心化的分布式账本，利用其建立信用可以充分保证交易的安全。在区块链上，每笔交易都会被盖上时间戳，这样不仅可以防止重复支付，还可以让其中的数据不被篡改。

利用区块链与大数据建立的信用体系是去中心化体系。用户无论在哪个 App 上产生的数据都可以被加密处理，并记录和储存到区块链上。用户自己掌握着这些数据的私钥，拥有这些数据的控制权。

之前，用户如果想向银行贷款，需要向银行提供自己的信用数据，这个过程比较烦琐。现在有了区块链，用户只要把密钥提供给银行，银行就可以分析区块链上的信用数据，以了解用户的实际信用情况。

此外，区块链还可以跨越空间限制，让全世界的信用数据都可以实时获取。在未来的发展中，区块链还会具有公证功能，如公证房屋的所有权、亲属关系等。与之相关的数据都记录在区块链上，没有人可以随意篡改。

在"区块链+大数据"时代，信用建立可以依靠全网公证实现，这是非常具有现实意义的事。用户通过区块链上的数据获得信用，区块链也可以成为大数据的基础。

5.3.2 Facebook "数据泄露事件"值得反思

Facebook 的"数据门"事件起因于媒体的曝光——该平台上五千万名用户的数据被一家名为剑桥分析的企业泄露。

首先，Facebook 将数据泄露的原因主要是其商业模式存在问题。该企业利用数据共享驱动广告业务的运营，但未能正确保护这些数据的隐私性。并且，数据共享是 Facebook 的核心竞争力——平台通过牺牲数据为代价，计算出高于其他竞争对手的用户偏好值，所以平台并没有能力去改变这个问题。

Facebook 的数据包括共享社交网络信息、昵称、性别、通讯录好友、教育、工作经历及简介信息。所以，只要 Facebook 依然利用数据驱动广告业务的运营，就还是会出现用户隐私被过度利用的事。正如其首席安全官亚历克斯·斯塔莫斯提出的观点一样，剑桥分析并不是泄露数据，而是使用这五千万名用户的个人信息对隐私进行侵犯。

其次，Facebook 一直在为"数据门"的后果承担责任。联邦贸易委员会也曾对其数据保护工作展开调查。Facebook 在声明中也诚恳地表示他们会坚定地致力于保护用户的安全。据媒体报道，该事件的主要责任在于剑桥分析未经 Android 用户允许就访问了他们的通话记录与文本历史数据。而 Facebook 则在回复中称，他们收集的数据不包括通话记录与文本历史数据，也没有将其出售给第三方。至此，联邦贸易委员会对 Facebook 的调查才告一段落，但该事件在世界互联网范围内引起的轩然大波值得人们深思。

最后，"数据门"的发生，给很多社交平台在数据管理方面提出挑战。一家数据风险管理企业的总裁表示，这起事件暴露了一些社交平台存在的隐私安全问题,这个问题显然不是刚刚产生的,但因 Facebook 将其提到了明面上来。

互联网时代,人们生活在一个由网络、平台、数据联合驱动的世界里。因此,对于企业来说,数据管理至关重要。随着越来越多的企业利用社交平台推进用户与业务之间的关系,企业必须制定完善的数据管理方案,以确保用户的隐私与安全。

5.3.3 AAA Chain:借区块链实现数据共享

如今,区块链的市场规模有了很大提升,年复合增长率更是接近 70%。未来,区块链会发挥更大的潜能。与此同时,大数据也呈现爆炸式增长,虽然每家企业都掌握着大量的数据,但彼此之间并不交换和共享。也就是说,企业都在自己的数据孤岛上生存,互不交流。这种现象导致了数据孤岛问题。在区块链的帮助下,数据孤岛的局面将被打破。

一个名为 AAA Chain 的应用联盟链将区块链与大数据结合起来,实现企业之间的数据共享。AAA Chain 通过联盟获取大量的数据,然后进行数据的共享与交易,这种方式有效避免了平台的数据沉淀,使数据发挥出最大的价值。

AAA Chain 作为独立的公有链,利用区块链打造一个数据共享平台。这个平台是去中心化的,能够保障数据的安全。AAA Chain 还开发了一个区块链自治数据开放平台,该平台可以让用户的数据实现跨屏、跨应用共享,能够把使用手机、电脑、平板等各种设备的用户统一起来,形成统一的数字身份 ID,并鼓励用户把自己的数据拿出来交易。

在 AAA Chain 的区块链自治数据开放平台上,用户拥有数据的控制权,有权决定向谁开发,还可以把自己的数据销售出去。AAA Chain 让数据发挥了更大的价值,把每个数据的作用都激发出来,实现了数据的资产化,让用户真正受益。

目前，大多数垂直类的App都有广告变现的需求，这些App可以通过AAA Chain采购流量，以实现大范围推广的目标。

AAA Chain利用区块链保障数据的安全，形成了从数据供应到数据消费的完整循环生态。AAA Chain能够安全、透明地记录数据，任何人都无法篡改这些数据。此外，用户的数据也不需要第三方机构的认证便可以交易。所有的交易都可以追溯，充分保证了用户的资产权益。

下 篇
场景实战与未来前景

第6章
区块链应用于企业运营

在经济发展和技术进步的推动下，企业运营需要改变之前的模式，展现新的面貌。如今，企业运营仍然面临一些问题，如数据争夺战、信息闭塞、供应链管理不完善等。将区块链与企业运营融合在一起，可以在一定程度上解决这些问题。

6.1 企业运营现状

对于企业而言，做好运营非常关键，其中涉及很多环节，如数据管理、部门沟通、供应链管理等。与此同时，数据争夺战引发的无谓消耗、信息闭塞对决策的影响、供应链管理的弊端也在阻碍着企业的发展。企业必须认识并解决这些问题，才可能有更大的竞争优势。

6.1.1 激烈的数据争夺战引发无谓消耗

对于企业来说，数据是最关键的资源，数据争夺战因此变得越来越激烈，运营成本也变得比之前更高。那么，究竟是什么原因导致这一情况的出现呢？

需要从以下三个方面进行说明，如图6-1所示。

图6-1　引发数据争夺战的原因

1. 数据采集渠道有限

我国的数据采集渠道比较有限，专业数据提供商及交易平台也非常稀缺。这也就表示，占有更多数据的企业就可以获得关键的竞争优势。不过，在占有更多数据的过程中，企业需要耗费大量的成本。而且，因为数据与核心竞争力息息相关，所以绝大多数企业不会将自己的数据分享出去。久而久之，各企业之间的数据互通就变得少之又少。

2. 数据采集场景被割裂

除了线下场景以外，数据的采集场景还包括电商、社交等线上场景。对于企业而言，要想在市场中占据优势，就必须和各种各样的部门与平台对接，并建立密切的数据联系。然而，数据依然存在严重的散乱问题，如分散在线下门店和线上旗舰店等不同场景中的消费数据，没能实现标准化处理的金融数据，具有多个开放场景的公安数据等。

为了将各个场景中的数据整合在一起，有些企业选择了合作、购买等方式，而这也增加了数据争夺战的激烈程度。

3. 缺少强相关数据

数据有强、中、弱三个程度的变量。其中，强变量指的是某些金融数据，如外汇、信用卡、民间借贷、信贷等；中变量指的是源于电商平台的交易数据，如产品销售、消费者消费等；弱变量指的则是来自互联网平台的游戏、社交等数据。

强相关数据是由金融机构掌握的金融数据，企业想要获得这类数据是非常困难的。因此，为了获取那些稀缺的强相关数据，企业就要使出浑身解数，这也在一定程度上使数据争夺战变得更激烈。

总之，大多数企业面临着数据质量问题，因为采集和处理数据的标准并没有统一且明确的规定，所以经常会出现一些难题，如重要信息缺失、数据录入失误、信息主体不明等。在这种情况下，除了企业的运营成本会大幅度增加以外，交易的效率也会变得更低。

6.1.2 信息闭塞影响决策准确性

很多企业面临着一个问题，那就是信息闭塞，这个问题导致了各部门之间的信息不对称。信息闭塞指的是各部门不进行信息的共享、交换，也不进行功能的联动贯通，这时就会出现信息、业务流程、应用三者互相脱节的现象。

随着技术的发展，企业的IT应用也在不断地进步，已经发生了不小的变革。与企业的其他变革相比，IT应用的变革速度似乎要快得多。这也就表示，当企业的IT应用发生变革时，之前的应用很可能就不再与之相配套，之后"更高级"的应用也很可能不再与之相兼容。如果从产业发展角度进行分析，信息闭塞的产生就有必然性。

信息的流动对企业有很大影响，最值得注意的就是客户监测达到了动态风控的目的。由于互联网的数据化特征已经越来越明显，传统的评估、交易形态也发生了很大变化。在这种情况下，企业的决策要以数据为基础。

可以预见，在未来很长一段时间内，信息对企业的作用依然不会减弱。也就是说，能被信息化的事物都可以成为企业的财富。因此，在互联网时代，企业最重要的任务是让信息在各部门之间流通，对信息体系进行重新构建，通过新技术解决之前无法解决的难题。

毋庸置疑，信息闭塞已经严重影响了企业的发展，但任何事情都具有两面性，也正是由于信息的闭塞，那些有优势的部门才会被突显出来，才能推动自身不断进步。在这样的背景下，企业要想提升竞争优势，并在市场中占据有利地位，就必须掌握更全面的数据资源。

6.1.3 供应链管理问题依然存在

供应链管理对企业的重要性已经无须多言，但其中仍然存在一些问题。这些问题对企业的供应链管理产生了严重影响，如图6-2所示。

图6-2 影响供应链管理的问题

1. 物流不专业

现在，如果企业进行短途交易，那么物流通常以自营模式为主，通过第三方中介配送的情况比较少。此外，企业的配送方式主要以常温物流和自然物流为主，缺乏一条完整统一的冷链物流。很多企业的设备与技术落后，没有实现产业化运作，造成了产品流通时的浪费。

2. 物流信息网络发展滞后

物流信息网络的不健全有可能导致产品的质量无法满足要求，还会影响产品的保值与增值。此外，如果产品和企业分离，还会造成物流信息无法共享，资源无法整合等情况。

3. 组织模式缺乏合理性

在我国,产品供应流程一般为:企业—批发市场—运输商—批发商—超市等销售商,这个流程以批发市场为界限,处于一种前后割裂的状态。这样不仅资金流会被阻断,产品的信息流也会被阻断,最终使供应链分成"生产—流通""流通—消费"两个部分。

久而久之,各环节的合作与协调关系会变得薄弱,供应链的运行效率也会变低。而且,因为难以找到产品的源头,产品的质量也无法得到保障。

借助区块链,企业可以对产品进行防伪、溯源、全程信息追踪,从而实现采购、生产、流通、营销等环节的公开、透明,打通资金流和信息流。区块链能大大提高信息的流通性,保障供应链的安全。在各个环节之间搭建区块链联盟进行信息认证,不仅可以让消费者追溯产品的信息,增加消费者的信任,还可以使企业根据消费者的反馈,组织精准的营销活动。

总之,影响供应链管理的问题虽然不少,但区块链凭借自身优势有效解决了这些问题。无论对消费者还是企业来说,这都是减少损失、保护安全的一个绝佳办法。

6.2 区块链消除企业运营痛点

企业运营存在一些问题已经是不争的事实,区块链可以让这些问题得到解决。例如,区块链可以改善数据储存现状,提升数据的安全性;区块链可以为消费者提供原产地证明,使企业的产品更有保障;区块链可以借助智能合约降低企业的法律风险。

6.2.1 降低数据储存成本,提升安全性

随着数据越来越重要,企业储存数据的需求也更强烈。在这个过程中,企业面临三个亟待解决的问题。

(1)如何让数据库既能储存大量的数据,又不需要花费很高的成本?

(2)如何保证储存在数据库中的数据不被篡改?

(3)如何使数据库变得可信任,确保在无实名的背景下也可以让数据非常安全?

自从区块链出现以后,上述三个问题便不再像之前那么棘手,似乎已经有了解决的可能。因为区块链可以生成一个记录时间先后的、不可篡改的、可信任的数据库。

首先,区块链创新数据库的结构,将数据库中的数据分成不同的区块;其次,区块链通过特定的信息,把区块连接到上一个区块后面;最后,区块链让区块以前后顺连的方式形成一条链,从而呈现一套完整的数据。

在区块链上,数据以电子记录的形式被永久地储存下来,区块根据时间顺序储存这些电子记录。这样的数据储存方式不仅扩大了数据库的容量,还降低了企业的成本。如今,包括阿里巴巴、腾讯、华为在内的企业都已经通过区块链储存数据。

6.2.2 供应链通信与原产地证明

现在,假货泛滥、市场无序、产品安全难保障、缺乏统一的防伪验证中心等问题十分常见。面对这样的乱象,很多企业发现了商机,纷纷把产品溯源防伪当作区块链的一大应用场景,尝试用区块链解决产品造假问题,以重拾消费

者的信任。

区块链具有永久溯源和不可篡改的特征，与企业自己记录信息相比，区块链更能够保障信息的准确性，防止产品造假。例如，天猫国际制订了全球原产地溯源计划，在该平台上，产自澳大利亚、新西兰等地的二十余个品牌的奶粉，如爱他美、贝拉米等都有自己的"身份证"，即溯源二维码。消费者只要打开支付宝扫描包装上的溯源二维码，就可以知道奶粉的品名、规格、原产国（地区）、原海外销售国（地区）、贸易商等信息，如图6-3所示。

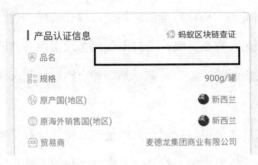

图6-3 通过扫描溯源二维码获得的奶粉信息

现在，天猫国际还在不断完善全球原产地溯源计划，未来，像这样的区块链产品溯源应用将覆盖全球更多国家和地区，涵盖更多品类，溯源功能也将赋能更多企业。

6.2.3 智能合约降低企业法律风险

签合同对企业来说是一件平常的事，然而，这其中蕴藏着一些法律风险。例如，合同通常是由工作人员拟定的，难免会存在漏洞；合同的执行存在效率低、责任难认定等问题。智能合约仅仅需要几秒钟就可以将合同处理好，从而提升合同的执行效率。

智能合约是一个可以自动执行合同的电脑程序，其工作原理与编程语言"if-then"语句非常相似。另外，当合同中的条件正式达成时，智能合约就会自动履行合同，这可以看作是一种与世界资产的交互。

之前，合同需要法律效力的约束，以保证双方的利益。然而，法律有时也会因为人为原因而出错，但智能合约可以避免这样的错误。同样是一份合同的履行，智能合约让双方不必互相信任，因为只要合同建立起来就会被强制自动执行，双方都无法更改其中的内容。

与此同时，具备去中心化特征的区块链可以让合同通过分布式的网络节点执行，而不再依赖第三方服务器。这样不仅黑客攻击服务器的现象不会出现，还可以免去合同被篡改的风险。可见，把智能合约存储到区块链中，能够保障合同的安全。

可以说，自从区块链出现后，合同的处理和执行就有了很大不同，不仅时间缩短、难度降低，效率也得到提升。未来，区块链会在合同上发挥更大的作用，为企业带来新的活力。

6.3 "区块链+企业运营"实战演练

区块链与企业运营融合可以释放强大的能量，这些能量现在已经蔓延到了很多地方，并出现了极具代表性的案例。例如，沃尔玛借超级账本完善物流系统、OpenBazaa高强度连接交易双方、京东打造区块链防伪溯源平台。

6.3.1 沃尔玛：借超级账本完善物流系统

为了充分保障产品的安全，沃尔玛与IBM合作依托区块链推出了超级账本项目，该项目利用区块链跟踪产品的物流信息，如产品的来源、生产的批次等。产品的生产信息和物流信息都记录在区块链的数据库中，沃尔玛可以从中查找关键数据，通过产品从产地到销售过程的全流程溯源实现准确问责。

沃尔玛通过产品上的电子凭证可以跟踪产品在物流中的状态，能够检查发货、质检、运输等各环节。只要发现问题，沃尔玛就能够立即追回有问题的产品。除了超级账本项目以外，沃尔玛还与京东、IBM、清华大学共同创建了一个安全产品区块链溯源联盟。该联盟致力于用区块链实现对产品来源的追踪，以充分保障消费者的安全。

6.3.2　OpenBazaar：高强度连接交易双方

去中心化平台 OpenBazaar 为电子商务交易提供了另外一种途径，一种让双方更自由的途径。OpenBazaar 作为消除了中心化的第三方角色，将商家和消费者直接联系在一起。由于交易中没有第三方，所以商家与消费者无需支付额外的费用。

例如，商家想要通过 OpenBazaar 出售新鲜的水果，只需要在 OpenBazaar 上创建一个目录，详细标明与水果相关的信息即可。当商家提交目录后，该目录会被发送到 OpenBazaar 的区块链上，当消费者搜索的关键词符合商家设置的关键词时，就可以发现商家创建的目录。如果消费者不同意商家的报价，还可以提出新的报价。如果双方都同意报价，OpenBazaar 就会使用他们的数字签名创建一个合约，然后将这个合约发送给第三方公证人。

如果商家和消费者在交易中发生纠纷，第三方公证人就会迅速介入。第三方公证人需要为合约作证，并创建多重签名地址。商家一旦集齐三个签名中的两个，货款就会被发送出去。在这个过程中，消费者发送与商家商量好的货款，商家确定消费者已经支付货款后就会在第一时间发货。消费者只要收到水果，就会立刻通知商家并从多重签名地址释放货款。在这个过程中，商家与消费者无需支付额外的费用，交易也更简单、便捷。

如今，区块链将与电子商务融合，使消费者与商家之间可以互动和交流，直接管理货款。这不仅大大提升了消费者的消费体验，还加快了商家的变现速度。

6.3.3　京东：打造区块链防伪溯源平台

京东成立了"京东品质溯源防伪联盟"，以实现产品的溯源与防伪，并以此保护品牌和消费者的权益。区块链可以很好地支持产品的溯源与防伪，消费者只要在订单中单击"一键溯源"或扫描产品上的二维码，就可以获取产品的生产及物流信息。

例如，消费者在京东购买了肉制品，可以通过包装上的溯源码查询该肉制品来自哪个养殖场及动物品种、喂养饲料、产地检疫证号、加工企业等信息。此外，消费者还可以通过区块链防伪溯源平台查询产品的配送信息。

有了区块链防伪溯源平台，非法交易和欺诈造假等行为都将无处遁形。在京东打造品质购物生态的过程中，区块链将成为重要的驱动力，起到非常关键的作用。目前，区块链防伪溯源平台将以京东商城为节点持续扩展，实现供应商、监管机构、第三方认证机构的部署。

在区块链防伪溯源平台上，京东向参与的品牌商和零售企业开放4种技术，分别为数据采集技术、数据整合技术、数据可信技术、数据展示技术。将来，京东会将区块链防伪溯源平台的使用经验逐渐导入线下场景，引领科技零售、可信任购物的新风尚。

第 7 章

区块链应用于城市交通

城市交通与区块链看似毫不相干,但二者融合在一起可以产生奇妙的"化学反应"。例如,道路拥堵、停车难等问题会得到很大改善,因为区块链对实现道路情况的预判有很大作用。此外,有了区块链,交通事故的调查与处理也会变得更便捷与高效。

7.1 "区块链+交通"改变个人出行

我国的交通领域发展到现在,各项管理日趋成熟。但随着各项技术的出现和进步,传统的管理模式已经不再适应新的社会要求,"区块链+交通"已经成为必须重点关注的方面。现在,个人出行方式正在被区块链技术颠覆,数字化的租车服务、共享单车新模式开始出现。

7.1.1 数字化的租车服务

信用卡品牌巨头 VISA 和电子签名交易管理领导企业 DocuSign 共同研发了

一款前所未有的汽车租赁数字签名。此举不仅会推动汽车租赁的数字化,还将在全球引发一场拥有巨大影响力的消费革命。

数字签名是利用区块链对签名进行验证,并将其记录和保存下来的一种技术。区块链可以为每个人及每辆车创建独一无二的数字指纹。尽管这个应用还没有被验证,但业内人士推测或许整个租赁过程会伴随着一些新事物的产生而出现巨大变化。这些新事物都在区块链中进行更新,安全性可以得到充分保证。

传统的汽车租赁流程是这样的:客人先利用互联网预订汽车,下飞机后在租车企业的服务前台耐心排队,等待客服人员烦琐而细致地检查身份证明、驾驶资质、信用卡记录,询问已经办理的保险项目,再交代一系列注意事项,最后才能在一堆文件上郑重签名……

如今,VISA 和 DocuSign 发明的以区块链为基础的数字签名将改变这种现状。如果这种数字签名得到推广,租车的过程将会变成这样:客人到服务前台递上身份证明,什么话都不用说,客服人员根据身份证明调出租赁申请,直接领客人上车。客人上车后在中控台液晶触控屏显示的合同上用手指签名,等验证通过后便可以开车离开。

在新场景下,客人仅用半分钟就能办妥全部的租车手续,租车企业的销售体验也有了显著改善。有人或许会因为数字签名很陌生而认为其无法保证安全。笔者有必要介绍一下 DocuSign。DocuSign 是数字签名交易管理企业,对区块链感兴趣的人应当对该企业有所了解。

作为数字签名的初创者,DocuSign 现在已经取得了 ISO 27001,SSAE 16 的认证——这是目前世界上最高的信息安全认证标准,每年接受世界上最严格的第三方审计。

在技术方面,DocuSign 使用了用户加密认证,可以利用特定的 IP 地址登录账号绑定功能保证数据的安全。DocuSign 在全球各地都有自己的数据中心，即便其中一个受到破坏，也不会导致数据的泄漏。另外，DocuSign 还使用了防篡改技术保护数字文件，恶意破坏的黑客不知道这些数字文件散布在哪里，也就没有对其进行攻击的机会。

目前，美国房地产经纪人协会中超过 110 万房产经纪人选择 DocuSign 的数字签名签署房屋交易合同，90%以上的世界 500 强企业使用过 DocuSign 的数字签名。惠普和思科甚至已经把 DocuSign 的数字签名作为标准化的签名工具。

7.1.2　智能系统解决停车难问题

随着生活水平的提高，私家车越来越多，我国开始面临停车难问题。除了私家车越来越多以外，停车难问题还与其他方面的原因有关，例如，物业规划的车位少、资源调配不合理导致车位闲置等，这些都会造成资源的浪费。为此，新西兰 ITS 基金会团队基于区块链推出了一个智慧停车应用系统——智慧交通链。

该系统利用区块链实现资产的价值交换，能够解决停车难、技术应用难等问题。那么，智慧交通链是如何解决停车难问题的呢？方法如图 7-1 所示。

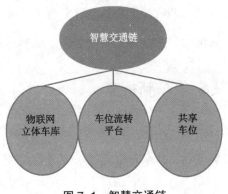

图 7-1　智慧交通链

1. 物联网立体车库

物联网立体车库把区块链和物联网结合起来运用，通过车辆和立体车库之间的智能连接解决车位空间及空间信息等问题。

2. 车位流转平台

智慧交通链可以作为结算手段和支付工具，利用区块链打造一个车位流转平台，让闲置的车位利用起来，大大提升车位的利用率。

3. 共享车位

把每个车位都纳入区块链的节点，根据车主的作息时间、路段、车流等信息的不同，实现车位的共享，有效避免资源的浪费。

传统的输入车位信息的方式都是通过人工手动操作完成的，在统计时，管理人员很可能会因为疏忽而出现错误。智慧交通链是以区块链为基础的，通过智能感应系统，车位信息会自动记录在区块链中，并且一旦记录就无法篡改。采用这种方式记录的车位信息比较真实。

智慧交通链的每个节点对应一个车位，每个车位在区块链中被当作一种无形资产，以此来实现资产的数字化，提升车位的利用率。智慧交通链希望通过自己的智慧交通系统推动交通领域的发展，ITS 打算和私立医院、购物中心、旅游景点等合作，为城市的公共事业打造智慧停车场服务系统。

7.1.3 创造共享单车新模式

共享单车的出现便利了我们的生活，随之而来的就是大量的共享经济产物，如共享汽车、共享雨伞、共享充电宝等。但与此同时，共享单车被毁等不好的事件时有发生，总会因为个别人的素质问题影响整个社会的发展。

区块链的出现为包括共享单车在内的共享经济提供了一种新的交易方式。

它是为了解决信任问题而存在的,可以作为交易双方建立信任的媒介,从而解决交易过程中的信任问题。将共享单车与区块链融合可以创造新模式,进一步改善共享经济的现状。

有了区块链,用户不再需要在第三方平台注册便可以使用共享单车,即用户与共享单车企业通过加密的方式进行点对点联系。而且,基于区块链的不可篡改性,用户会获得值得信任的信誉值,共享单车企业可以据此判断用户的信用,以便提前预防共享单车被毁等事件。

人人都在谈论共享单车实际上徒有其名,只是一种短租罢了。区块链下的公益单车才是完全的共享经济和社会公益。总而言之,共享经济是一种能够持续深化的商业、经济及社会模式。当共享经济与区块链结合在一起后,二者的潜力都可以得到进一步释放。

7.2 "区块链+交通"改变物流运输

"区块链+交通"将改变物流运输。通过区块链,企业可以全程追踪产品与车辆的位置,实现物流运输的可视化管理。此外,基于区块链的车辆安全服务也获得发展,并出现了包括 HashCoin、Emercoin 在内的经典案例。

7.2.1 实现快捷交付,拒绝爆仓

虽然我国的物流行业近几年也在发展,但依然存在一些问题。由于是人工操作,传统的物流行业工作效率很低,还会因为快递员的不小心导致丢包爆仓、包裹错领、信息泄露等问题的出现。物流行业的各环节分离,没有形成一个统一的业务链条。

区块链是一个分布式的记账系统，能够记录和传递资金流、物流、信息流等数据。把区块链应用于物流行业，通过区块链把物流行业的数据记录在每个节点中，能够提高物流资源的使用效率，简化物流业务的烦琐流程，提升物流行业的运营效率。

区块链是一个分布式的多节点数据库，每个节点都包含了物流运营过程中的卖方、买方、价格、合约条款等信息。参与到区块链中的每个人都会获得一个独特的签名，这个签名可以在网络中验证，如果和网络中保存的信息一致，则说明信息是有效的，并且可以共享。

区块链实现了信息的互通，优化了物流行业的规模和效益。在这样的系统中，每个人都可以记账，从而充分保证信息的安全性。区块链也避免了人工记录信息的烦琐流程，极大地降低了物流成本，提高了物流行业的运营效率。

在传统的物流运输中，信息记录是一大难题。利用区块链，货物从装载、运输到取件的整个流程都可以清晰地记录在节点中，这样不仅优化了资源配置，舍去不必要的环节，还提高了物流运输的效率。

利用区块链记录货物运输的流程，能够保证信息可追溯，避免丢包、错误认领等事件的发生。在快件签收方面，信息不需要人工查询，可以直接在区块链中查询，这避免了一些人伪造签名、冒领包裹的问题，也促进了物流行业的实名制。快递企业也能通过区块链掌握包裹的运输情况，防止窜货的发生，保护了线下各级经销商的利益。

7.2.2　基于区块链的车辆安全服务

区块链可以保证信息的安全和透明，并且任何人都不能擅自伪造或修改这些信息。此特点能够为人们所用，例如，将车辆纳入区块链，实现车辆的认证管理。电子"车牌号"就是基于区块链的一项成果。

HashCoin 以区块链为基础开发了一个开放的"分布式汽车登记系统",这个系统能够实现车辆的自动化认证,储存车辆的所有记录,从而防止造假。HashCoin 的这项发明吸引了俄罗斯和欧洲等国家的制造商,但其能否发挥作用还需要进一步研究。

Emercoin 是一个分布式开源平台,每个人都能使用。HashCoin 利用区块链在 Emercoin 上实现车辆认证的自动化、智能化管理。随着进一步研究,这个平台将继续升级,可以追踪车辆的所有权变更、保险情况、行驶历史等数据,以防止数据造假。

不仅很多国家对 Emercoin 非常关注,全球的大型汽车企业也非常感兴趣,它们愿意帮助 HashCoin 推动该平台的运行。Emercoin 不仅对社会有利,对企业也非常有利。我们可以把这个平台应用于各类型的企业,如保险企业、服务提供商、制造商等。

7.3 "区块链+交通"改变车联网

区块链在交通领域的应用将改变车联网,让车联网日趋成熟,规模也不断扩大。例如,区块链可以与汽车连接,让车主一边开车,一边挖矿,获得积分和收益;区块链也可以应用于无人驾驶,让无人驾驶系统更安全。

7.3.1 车联网是什么

车联网的概念来源于物联网,即以车辆为基础的物联网。车联网以车辆为感知对象,借助通信技术实现车辆与车辆之间的连接,提升车辆的自动化水平,为用户提供安全、舒适、高效的体验与服务。此外，车联网还可以提升交通的智能化水平。

　　车联网通过传感器感知车辆的状态和信息，并借助通信技术与信息处理技术实现行驶过程的智能化管理与车辆的智能化控制。虽然车联网的优势很显著，但其中安全隐私问题也不得不防，主要表现为以下几个方面。

　　（1）泄露无线信息。车载设备的蓝牙功能、Wi-Fi接入点、轮胎压力传感器等配件组成了独特的信息，这些信息的泄露可能会导致车辆被跟踪或攻击。

　　（2）车载数据记录系统。汽车上有车载数据记录系统，可以记录事故发生前十几秒的数据，包括加速、刹车、座椅位置、安全带是否打开等。这些数据有利于相关人员了解事故发生的始末，但该系统存在被攻破的风险，从而导致隐私的泄露。

　　（3）信息娱乐与导航系统。信息娱乐与导航系统中存在两个数据采集系统，记录了用户的出行轨迹、电话连接、联系人列表、使用历史等信息。这些信息极易被泄露和攻击，用户也可能因此而被跟踪。

　　（4）汽车远程信息处理系统。汽车远程信息处理系统能够连接汽车制造商或其他救援机构，在事故发生或钥匙锁在车内时为用户提供帮助。该系统记录这些信息并将其传输到云端进行存储，用户对此无法拒绝。

　　车联网虽然有诸多好处，但安全隐私问题需要被重视。只有这样，车联网才会得以完善、快速发展，为我们的生活提供便利。

7.3.2　区块链与汽车智能化连接

　　知名车联网大数据运营商架图旗下的区块链应用——架图盒子蜜芽版一

经推出便受到广泛关注。架图盒子蜜芽版是建立在区块链和车联网之上的，通过将这两种技术融合，帮助车主实现一边开车，一边挖矿，并获得积分和收益的目标。

架图盒子蜜芽版通过区块链建立激励机制，根据车主每天的驾驶情况为其发放相应的积分。车主的驾驶距离越长，驾驶技术越熟练，就会得到越多的积分。架图盒子蜜芽版融合了区块链和激励机制，并应用到车主的驾驶中。

架图盒子蜜芽版具有汽车定位、车况检测、用车报告、历史轨迹等多个功能，利用区块链把每一辆汽车都看作一台挖矿机，车主在每天的驾驶中就可以获得积分，进而获得收益。当这些积分累积到一定量时，车主就可以兑换相应的实物或虚拟物品。

目前，架图盒子蜜芽版已经实现了和多个企业的合作，通过进一步升级'矿车计划'实现车联网、区块链、互联网金融的深度融合，打造一个虚拟的支付系统。近几年，车联网的竞争越来越激烈，车联网的应用也越来越多。

区块链作为一个去中心化的分布式账本，可以实现数据共享、隐私保护、智能合约和共识机制。车联网作为一个拥有庞大数据的信息系统，恰好可以利用区块链的这些特征。区块链保障了车联网的安全，通过把信息输入到节点中提升其运营效率。架图盒子蜜糖版将会促进区块链和车联网的融合，推动"区块链+车联网"模式的发展。

7.3.3 区块链让无人驾驶系统更安全

将区块链应用于无人驾驶系统能够实现信息的共享。此外，汽车的使用情况也能够作为投保的参考。区块链还能够收集无人驾驶系统中的数据，让数据更透明。丰田与芯片制造商英伟达合作研发无人驾驶系统的配件，进一步提升无人驾驶系统的安全性，为无人驾驶领域的发展提供了很大帮助。

此外，丰田和铃木也进行了合作，共同开发无人驾驶技术。丰田和铃木合作的时期正值日元升值之际，这提升了日本出口汽车的价格，给日本的汽车制造商造成了损失。为了应对这样的局面，汽车制造商都在开始对新技术进行投资，研究无人驾驶。

丰田还投资 Uber，与 Uber 展开汽车租赁方面的合作。丰田还与宝马、大众等企业合作，共同成立了"全球企业联盟"组织，一起研究无人驾驶。虽然无人驾驶还没有全面普及，也没有实现完全的合法化，但可以减少交通事故、节能减排、促进经济的发展。

除了丰田以外，Vectoraic 致力于研发区块链交通管理系统。在无人驾驶领域，Vectoraic 开发的系统能够对汽车的碰撞情况进行预测并快速做出判断和反应。该系统利用人工智能、机器学习、区块链等技术对汽车进行准确定位。还利用云端算法计算出汽车发生碰撞的风险值，以此掌握无人驾驶的制动、减速或加速等操作。

在技术方面，Vectoraic 开发的系统采用的硬件主要有传感器、可见红外线、热感应、车联网等。此外，Vectoraic 还采用了先进、小型的 360 度车载雷达。该雷达的高度仅 5 厘米，体积为谷歌的车载雷达的 1/10，不需旋转就可以可实现 360 度全方位探测，如图 7-2 所示。

Vectoraic 采用的这些硬件都可以低成本、大规模生产。其系统不仅能探测视觉范围内的物体，还能探测视觉盲区的物体，从而为汽车提供准确判断。

区块链和无人驾驶的结合将给人们带来全新的体验，企业可以依托这两种技术在通信架构和自动技术上开发新的应用。

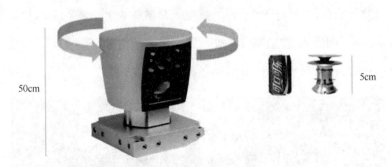

图 7-2　谷歌的车载雷达（左）VS Vectoraic 的 360° 车载雷达（右）

7.4 区块链助力绿色交通与智能交通

区块链在交通领域的应用有利于绿色交通与智能交通的实现。区块链可以认证交通人员的身份，提升其工作效率；可以激活交通基础设施，降低发生交通事故的概率；可以储存交通信息，提升交通领域的可视化和安全性。

7.4.1 用区块链认证交通人员的身份

目前，交通人员的身份认证在很大程度上依赖身份证、工作证、交通证等证件。然而，他们难免会有因为粗心大意而弄丢证件的时候。把区块链应用于身份认证，交通人员将不需要通过各种复杂的手段证明自己的身份，因为他们的身份信息会被记录到区块链中。

这里所说的身份信息主要包括基本信息、生物信息，以及一些需要特殊权限才能查阅的特定信息。可见，把区块链应用于身份认证确实有许多优势。而且，现在已经有企业完成了"区块链+身份认证"的布局，这将大大提高认证交通人员身份的工作效率。

可信身份链获得了 eID（公民网络电子身份标识）技术产业联合实验室、数字身份技术应用联合实验室、公安部第三研究所等各方的支持。在这些支持下，除了交通领域以外，可信身份链还被应用于其他领域，如图 7-3 所示。

图 7-3　可信身份链的应用领域

eID 是数字身份标识，可以在充分保护隐私的同时对交通人员的身份进行在线远程识别。可信身份链将 eID 与区块链结合在一起，不仅增加了 eID 的服务形式，还提升了 eID 的服务水平。借助可信身份链，交通人员的身份认证已经变得越来越简单。此外，可信身份链还可以为交通领域提供去中心化、不可篡改、保护隐私、抗攻击、高容错的数字身份认证，这不仅有利于明确交通人员的身份，还可以保障认证过程的安全性。

7.4.2　激活交通基础设施

在移动互联网时代，每位交通参与者的每个行为都能以数据的形式呈现出来。在这种情况下，交通领域的数据来源就变得十分广泛。例如，高德地图、滴滴打车等应用软件提供的用户数据、公共交通卡提供的数据、道路监控系统提供的数据等。

数据的开发和利用会使交通基础设施发生改变，例如，交通设备将成为数据终端，可以对一些重要的数据进行记录和储存。此外，在交通领域，区块链也可以助力汽车、测速仪、信号机等交通基础设施的互联互通，从而使相关人员实时了解交通情况。

借助区块链，数据可以实时传递，相关人员能够充分了解道路上出现的问题，或根据数据预估发生的问题。此外，城市的交通拥堵问题会得到缓解、道路与天气情况也能被及时掌握，从而大大降低了发生交通事故的概率。

对于交通基础设施，乃至整个交通领域来说，区块链都扮演着必不可少的角色。区块链促进数据在交通基础设施之间快速、准确、实时地流动，能够使政府迅速做出反应，从而实现交通领域的良性循环。

总之，区块链不仅促进了数据的流动，还利用传感器的设置进一步提升了交通设备的管理水平。由此可见，区块链与交通领域的有机结合可以给人们带来更加便利的出行体验，既保障了出行的安全，也为构建智能型社区、创造智慧型城市提供了有力保障。

7.4.3 分布式储存下的智能交通

如今，要想智能交通更充分地融入人们的生活，需要将大数据、区块链、云计算等技术有效地应用于整个交通领域。其中，区块链以分布式储存、去中心化的特征极大地促进了智能交通的发展。有了区块链，智能交通将焕发新的生机，具体可以从以下三个方面进行说明。

1. 缓解交通压力

司机可以通过储存在区块链上的交通信息及时改变行车路径，道路上的无效车辆会减少，拥堵情况将进一步改善，如图7-4所示。

图7-4 交通压力得到缓解的效果图

2. 全程监控，提高安全性

将车辆位置、道路情况、司机行驶状况等交通信息储存在区块链上，交通领域的可视化和安全性将提高。例如，当车辆出现意外时，交通人员可以根据区块链上的交通信息迅速反应，第一时间赶到现场，将损失降到最低，保证车辆和司机的安全。

3. 提高交通系统的敏捷性

在交通领域，随着交通数据的积累，交通系统将变得更敏捷。通常，交通信息积累得越多，交通系统给出的解决方案越精准。如今，借助区块链，加上5G的出现，交通系统的反应速度会比之前快很多。

交通系统提供及时、高效的交通信息是对人们出行的有力保障。对于交通路段上的司机而言，在整个行驶过程中，交通信息的及时提供与车辆的实时跟踪和监控都能够保护出行人的人身安全。这不仅有利于节省人们的出行成本，还可以极大地推动智能交通的发展。

第 8 章

区块链应用于文娱领域

区块链引发了各行各业的变革,当其进入文娱领域后,同样会打造新的模式。区块链带来了新的商机和更真实的沉浸式互动体验,游戏、音乐等行业都将被颠覆。例如,区块链可以稳定游戏的经济与交易系统,也可以确认和保护作品的版权。

8.1 区块链如何与文娱领域融合

区块链与文娱领域的融合产生了很多方面的影响。例如,在版权方面,区块链可以确认和保护版权;对于文娱领域来说,这是可喜的变化。

8.1.1 稳定游戏的经济与交易系统

如今,我国的游戏行业已经进入了平稳期,企业要想进一步扩大规模,需要在精细化运营上寻找突破口。区块链能够减少游戏的中间环节,让不同的玩家直接对接与结算,降低了运营成本,提升了消费体验,也形成了玩家自己的游戏生态圈。

区块链与游戏结合主要有三点。首先，实现游戏资产的数字化。数字资产在区块链中流通可以降低成本，提高效率。例如，一家大型的游戏企业会有多个游戏，这些游戏的游戏币需要通过区块链打通，使其在每个游戏中都可以使用。

游戏A的用户不想玩A游戏，此时如果金币是通用的，该用户可能会为了不浪费金币而选择该游戏企业的其他游戏。这对于游戏企业来说，更容易留住用户，对用户本身而言，也可以保证自己在游戏中的金币没有贬值的风险。

对于小型的游戏企业而言，想要吸引更多的用户就需要花费更多的成本。如果把游戏联合起来共享游戏中的金币，就可以吸引其他游戏的用户。无论对于哪家游戏企业而言，这都是非常有利的。

其次，基于去中心化解决信任问题。传统的游戏平台有一个很大的问题，即信任问题。在传统的游戏平台上，玩家之间是无法直接接触的，需要通过第三方接触，但中间的环节越多，就越会产生各种各样的问题，玩家也会有更多的怀疑。

区块链是一个去中心化的网络平台，在"游戏+区块链"市场中，游戏企业也纷纷开始用此技术解决信任问题。区块链游戏平台Motion希望能够重塑玩家和开发者在游戏生态中的角色定位：开发者更专心于游戏的开发，让玩家能够充分享受游戏带来的价值。

Motion组建了150人的专业团队进行游戏的开发和平台的搭建，积极用区块链探索游戏市场。Motion推出MTN作为平台的唯一游戏币，形成了游戏的自助式服务。在Motion上，开发者通过发布游戏视频推广产品，玩家通过收看、游玩、分享获得MTN币，并用MTN币购买自己喜欢的装备。

Motion 是一个安全自由、去中心化的游戏分发凭条,可以保证资产一直在用户的手中。此外,游戏币也可以实现跨游戏的购买和兑换。Motion 的游戏开发团队能够利用区块链的信任机制维护用户对游戏市场的信任。

最后,利用智能合约解决赏金支付问题。基于区块链的游戏平台是一个去中心化的游戏平台,"第一滴血"团队就是利用这种去中心化机制解决信任问题,并通过智能合约的方式解决赏金支付问题。也就是说,通过智能合约,各环节都变得简单。

"第一滴血"团队建立了一个让玩家挑战对手并获得赏金的游戏平台,把区块链和智能合约都融入电竞市场,减少游戏纠纷。传统的游戏平台缺乏让玩家信赖的自动化赏金系统,"第一滴血"团队则利用区块链和智能合约保障了资金的安全,丰富了玩家的体验。

基于区块链的游戏平台是去中心化的,可以通过智能合约撮合玩家之间的比赛,收取一定的保证金。此外,去中心化的游戏平台还可以通过玩家的智慧解决游戏纠纷,变革第三方机构参与比赛的模式,对资金进行更严格的监管。

在去中心化的游戏平台上,玩家可以利用智能合约结算资金,也可以寻求仲裁系统和陪审团的帮助。仲裁系统和陪审团会为智能合约的每笔交易提供数据,只要有人作弊,二者会立即仲裁作弊者,并对其进行处罚。

8.1.2 泛融科技数字版权管理

传统版权有实物载体,权利的描述、分发、统计、追溯都是可控的,但在数字版权时代,作品缺少实物载体,数字出版物只要搜索即可使用、点击即可阅读、下载即可复制;数字版权标的极易被大规模复制、传播和盗版,权利的描述、分发、统计、追溯均变得不可控。

在这种情况下，如果没有技术，仅依靠法制手段保护数字版权是行不通的。在互联网时代，信息的传播越来越简单、快速，人们获取信息的途径也更丰富。人们在享受互联网带来便利的同时，又不得不面对盗版侵权的问题。特别是我国的网络模式一直以免费和共享为主，人们也已经习惯了这种模式，因而导致了盗版侵权的猖獗。

目前没有比较合适的技术对数字版权作品的版权确认、版权交易、消费与流转进行行之有效的保护，且针对数字版权侵权行为的检测、取证与维权行为需要付出极高的成本。针对数字作品的版权保护工作已经迫在眉睫，如果不能找到行之有效的保护方法，必将阻碍数字经济的进一步发展。现在数字版权主要面临如下挑战。

1. 版权作品自身长久保护和保真非常困难

作者在进行版权登记时必定会将版权登记的副本留在登记机构，但这个副本如果保管不好，将存在泄漏和篡改、丢失的风险，这种风险对于以后作者进行维权会带来很大麻烦。此时，作品的所有权还是属于作者的，而登记机构保存的副本也会成为作者担心的意外泄漏点。

2. 互联网上流传的版权作品确权和维权难度巨大

在新媒体传播下，由于数字作品的传播速度快，可复制程度高，导致维权困难。一旦数字作品从作者手中流传出去，其在互联网上传播就再也无法受到任何人的控制，其中有合法授权，必然就有非法侵权。如何用更低的成本快速鉴别非法侵权的数字作品，从而保护作者的利益是当下数字版权保护的一大挑战。

3. 数字版权买卖双方均担心版权交易的可信性

数字版权是一种数字资产，具有资产的特点，使用可信的手段确保数字版权的专属性,避免双花问题的出现,即如何可信地进行数字版权的确权、交易,以及版权移交同样非常困难。

数字版权管理方案(如图8-1所示)利用区块链,结合数字签名及加密技术,轻松实现数字版权的可信化交易和管理。该方案通过将数字版权作品,如音乐、动画等音视频文件加入区块链水印,不管文件如何传播或编辑均可通过水印过滤技术快速进行版权验证。

此外,该方案还可以将版权的交易信息入链保存,并用具有法律效力的电子签名对数字版权作品进行确权。利用多种技术的配合大大降低作者维权时举证的难度。该方案利用泛融企业独有的EVFS可信文件系统,可以对数字版权作品的音视频等文件进行长久且有效的保真,避免其被窃取、篡改、丢失,并确保其专属性,避免版权交易中的双花问题。

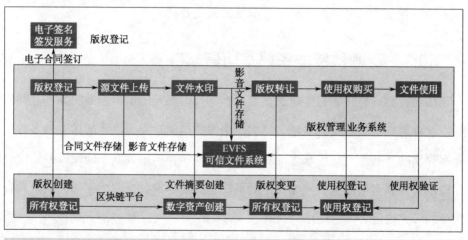

图8-1 数字版权管理方案

数字版权管理方案的工作原理如下:

(1)买卖双方通过线上签订版权交易合同,并将电子合同储存与 EVFS 区块链可信文件系统中,从而提升操作效率,同时减少纸质存档支出;

(2) EVFS 可信文件系统能够长久、安全可靠地保存作品源文件,并确保作品所有权的唯一性和专属性;

(3)影音文件水印特征记录至区块链,能够准确地标识版权特征,文件无论大小均能够被正常追溯其版权信息。

数字版权管理方案的特点如下:

(1)记录版权交易的全过程,通过智能合约有效确认文件的所有权及使用权;

(2)源文件锁定确权水印,对源文件进行处理使其具有区块链的防伪特征;

(3)降低所有权追溯成本,提高资产权限的验证效率;

(4)版权信息上的链防篡改使举证维权更容易。

8.1.3 泛融科技电子档案可信储存

随着档案信息化和数字化的发展,档案部门保管的电子档案的数量急剧增长,这种急剧增长不仅需要越来越大的档案数据储存空间,还增加了档案数据储存管理的复杂性。如何合理地利用储存空间储存档案数据,确保以最低的储存成本实现档案数据的最佳储存,对于管理大量档案数据的档案部门来说具有重要的研究价值。

电子档案的特性不同于纸质档案,决定了其在保存与维护方面的复杂性。如何保存、维护电子档案,使之安全、可靠并永久处于可准确提供和利用的状态,是档案工作者急需解决的问题。对电子档案的有效保存与维护是一项极其重要而复杂的工作。

当下在对电子档案进行保存与维护的过程中，需要根据环境、设备、技术、人员及电子档案的特点等综合条件制定技术方案和工作模式，才能尽可能确保电子档案的原始性、真实性、完整性。

但是，随着电子档案的数量不断增多，归档时间不断延长，电子档案的防护力度和管理强度会逐渐下降。换句话说，档案管理人员很难确保20年前的某个电子档案持续保持归档之初的原始性、真实性、完整性，并防止其被篡改、替换、删除。

电子档案可信储存方案（如图8-2所示）使用北京泛融科技有限公司自主研发的EVFS可信文件系统，利用区块链实现在无人值守的情况下自动确保电子档案的一致性、完整性，防止其被篡改，从而解决电子档案长久可信保存的问题。

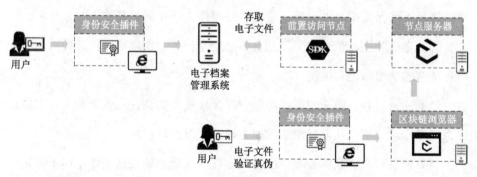

图8-2 电子档案可信储存方案

EVFS可信文件系统是一套将数据文件固化储存在区块链中的可信文件系统，可以实现对数据文件的固化保存、安全防护，以及跨域多点备份。EVFS系统固存的数据文件具有防伪、防篡改、防丢失、全轨迹留痕的特点。与此同时，该系统还可以提供数据文件权限控制、版本管理、信息监管、行为追溯等管理功能。

电子档案可信储存方案的主要工作原理如下：

（1）用户使用电子身份私钥通过电子档案管理系统向 EVFS 可信文件系统提交电子文件；

（2）电子档案管理系统通过授权证书与 EVFS 可信文件系统交互，将加密、签名后的电子文件上链固存；

（3）EVFS 区块链将数据文件形成多副本保存在节点服务器上，防止文件丢失；

（4）所有上链固存的文件的版本变更、后续的操作均全程固化在区块链上；

（5）文件的权限也由区块链进行严格控制。

电子档案可信储存方案的储存特点如下。

（1）共识验控，长久保真：利用独创的区块链固存算法，系统可在无人值守的情况下确保数据文件保持一致性、完整性，防止其被篡改。

（2）全面防控，信息安全：结合多种安全技术，实现对文件访问的系统通道各环节的全面防范和控制。

（3）加密封存，防止泄露：对保存在区块链上的文件元数据和文件本体进行系统级自动加密，从而杜绝通过暴力破解获取文件内容。

（4）证书账户，数据专属：所有保存在区块链上的数据文件专属于特定的账户，只有账户私钥持有者才有权对文件进行操作。

（5）多点备份，永不丢失：使用区块链的多副本复制和副本自我修复机制，确保保存在区块链上的数据文件不会消失。

（6）全程留痕，演变可循：数据文件的内容变化和文件操作行为均自动记录在区块链上，用户可以轻松还原文件的变化和使用历史。

（7）定向授权，可信共享：共享的数据文件持续固存在链上；只有文件所有者私钥方可对其进行共享授权；链上文件指纹可轻松校验真伪。

（8）多方参与，联合治理：提供全新的联盟式系统建设运营方式，实现多方参与治理，共建公平公正、可信的系统网络环境。

（9）多云融合，部署灵活：系统可轻松部署在任何公有云、私有云、物理服务器上，通过动态组网技术，形成互联网级别的系统节点网络。

（10）多活分散，持续在线：每个节点服务器均可以接收链上事务请求，从而实现压力分散，同时任何节点的下线不会中断系统服务。

（11）开放架构，易于扩展：系统支持各种类型的数据文件上链保存；同时，通过智能合约模板轻松定制结构化数据类型，实现上链固存。

8.1.4 泛融科技电子合同远程签署

互联网时代的到来，为企业带来了转型与发展机遇。很多企业间的传统商务交易方式开始大量被基于互联网的商务交易方式所替代。基于互联网的商务交易方式使得企业商务触及范围变大，产品资源和用户资源的交换效率变得越来越高，为企业带来了更大的市场空间和更多的商业机会。

不过，在这种基于互联网的交易模式下，伴随着网上交易数量、区域分散度的增加，对合同签署效率提出了新的要求，而传统的纸质合同线下签署方式低效率、成本高成为企业商务快速发展的阻碍之一。

纸质合同需要大量的纸张，不仅成本高、周期长、效率低，而且大量合同的管理、储存、销毁也十分棘手。传统的纸质合同需要审批、打印、寄送、归档，同时印章要存放、审核、登记、审计等一系列复杂的管理流程，而这些工作全程需要人为参与操作，因而也增加了疏忽、遗漏甚至渎职等问题，造成纸质合同管理过程中的安全隐患。

在企业持续推进互联网经营模式创新的过程中,业务经营效率得到不断提升,造成合同的签署数量不断增加、签署人地域分布变得越来越散、合同的生效和终止周期也变得原来越短。随之而来的是异地签署无法识别真实身份,毁约风险变高;企业在和个体用户签署合同时,用户体验差,跟不上线上节奏,很难适应多元化需求。

上述问题在电商平台、保险企业等企业尤为明显。电子合同在适用性、便捷性、安全性、环保等方面有明显优势,相对于纸质合同更符合当下商业环境的需求。电子合同实现合同签署过程全程在线,打破传统纸质合同模式受时间、区域限制的不足,确保无论交易双方身处何地,通过线上即可完成签署身份认证、合同起草审批、合同签字或盖章等操作。

电子合同远程签署解决方案(如图 8-3 所示)利用电子签名和区块链提供一套灵活且安全可信的电子合同签署和长久保真储存方案。

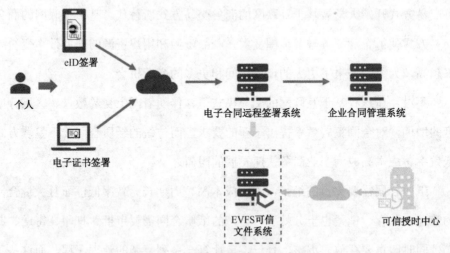

图 8-3　电子合同远程签署解决方案

该方案提供的在线签署功能可以实现异地合同在线签署,从而消除了传统纸质合同伴随的快递成本；通过实名认证与具有法律效力的电子签名相结合，确保电子合同具有法律效力；签署的电子合同利用加密技术完成合同内容的信息安全防护，防止意外泄漏；利用区块链防止文件非法篡改，确保文件内容完整，实现在无人值守的情况下，合同文件长久保持一致性、完整性。

电子合同远程签署解决方案的工作原理如下。

（1）电子合同上链保存，并设定签署顺序和规则；

（2）个人/企业使用具有法律效力的 eID/电子证书对链上的电子合同进行签名，并将签名结果保存在 EVFS 可信文件系统的区块链上；

（3）电子合同签署时间将由可信授时中心提供的时间戳进行签名，并上链保存；

（4）所有合同的签署人均可阅览合同内容；

（5）任何获得电子合同的人均可通过区块链验证真伪。

电子合同远程签署解决方案的特点如下。

（1）接入快捷：通过 API 与企业内部系统高效协同，实现合同修改、审批，与线上签署流程快速融合。

（2）签署高效：去掉线下往返环节，签署人直接在平台上审批签署合同。

（3）使用便利：用户线上签署，快速方便。

（4）安全可信：利用电子签名和区块链确保电子合同具有法律效力，并降低电子合同防篡成本。

（5）节省成本：省去来回快递费用，节约成本。

8.1.5　泛融科技积分互换交易

积分行业现阶段存在以下两个痛点。

1. 积分发行不透明，在消费市场公信力不足

目前市场上所有积分发行均由各自企业采用中心化系统方案进行建设和推广。对于消费者而言，虽然积分换购模式能为他们的二次消费节省一定资金，但在消费升级的市场大趋势下，积分发行不透明和缺乏市场公信力的积分换购模式，致使企业预期设想的因积分带动的市场流量并不理想。

2. 积分换购门槛高，兑换产品限制多

各企业依据自身市场推广目标和策略的不同，在不同时期制定了不同的积分奖励规则，随着时间的推移，每个企业均形成了大量复杂的积分规则。有愿意探究的用户通过推算会发现，其实积分根本获得不了任何让自己心动的激励。

利用区块链形成一个积分互换交易平台，将多商家的积分汇总在一起，实现积分互换，可以有效增强积分的流通性，同时为用户带来更有吸引的积分体验。

积分互换交易平台的工作原理如下。

（1）将积分系统引入区块链，形成一个多方积分互换交易的开放平台，各商家均可在此平台上发行自己的特有积分。同时。平台又提供一个积分灵活兑换的场所，从而促进积分的快速流通。

（2）平台将用户在不同商家获得的积分汇聚在一个账户上，便于积分统一兑换使用。同时，系统利用区块链将用户的资产信息上链，用户在链上也可查询资产情况，从而使资产信息更安全、更可靠。

（3）平台可以与商城进行对接，方便用户通过积分兑换商品，让用户使用积分更方便。

（4）积分互换交易平台的运营合作机构，通过共同参与交易合法性校验、积分账本副本保管、区块链节点网络的共同维护，实现平台的共同治理和利益

共享。

积分互换交易平台的特点如下:

(1) 统一发行、多方记账,保证积分价值;

(2) 接入便捷、全网储存与查询,积分数量无法伪造、篡改;

(3) 自由流通、互相赠送,方便兑换、化零为整。

8.1.6　泛融科技司法可信存证

当前司法系统通过互联网、大数据、人工智能等现代技术推进智慧公安、智慧检务、智慧法院、智慧司法等,取得了骄人的业绩和成效。但是,随着信息化建设的不断推进,信息化在带来巨大便利的同时也存在一些问题。

1. 电子卷宗储存安全问题

随着深入推进相关技术与司法业务的融合,电子卷宗及案件卷宗随案生成已经成为趋势。电子卷宗在储存和流转的过程中存在易灭失,易篡改,技术依赖性强等特点,与传统纸质材料相比,电子卷宗和档案材料的内容真实性、完整性防护方面将会面临严峻的挑战。电子卷宗的安全得不到保障,这也为电子卷宗的应用蒙上了一层阴影。

2. 公开信息真实性认证问题

随着案件办理信息公开化的推进,电子化的文书公开依然缺乏有效的手段验证发布者,这里存在的技术空白可能被用于篡改文书,引发当事人和司法系统之间的纠纷。企业需要使用司法系统官方信息,证实文书的来源。

3. 信息可信传递问题

由于不同司法系统的信息化建设和信息化水平不一致,数据量不断增加,数据分类更精细复杂,在司法系统间进行信息可信传递逐渐被重视。

司法可信存证系统（如图8-4所示）利用区块链，并结合数据加密、电子身份认证等技术将与案件相关的电子卷宗及业务数据上链固存，在案件立案、分案、审执、结案、归档，以及上诉申请再审等各环节流转过程中，确保电子数据在形成、传输、保存、借阅、共享等全过程中的安全可信、真实防伪、不被篡改。

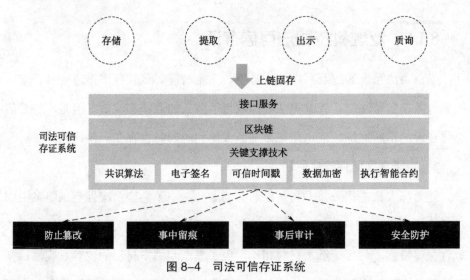

图8-4 司法可信存证系统

电子卷宗上的任何内容变化和材料传递、借阅等操作将会在区块链中留下痕迹，从而构建出电子卷宗的完整演变轨迹。系统中的区块链采用最先进的互联网运行级别的架构设计，具有最高级别的抗攻击性、安全性、稳定性。

此外，该系统由司法行业专家、国家标准制定专家、区块链行业顶尖专家共同参与研发，依据司法领域的特点进行定制优化，并融入国际化标准和规范设计理念，旨在能够固存具有司法效力的电子证据，确保验证电子证据真实性的一切必要信息可以保存在区块链上。

司法可信存证系统的特点如下。

（1）固化保存，防止篡改：通过创新的固存算法将数据文件固化在区块链上，并利用多节点共识和确认，防止被任意篡改。

（2）安全防护，防止泄露：利用加密算法，数字签名、区块链分片技术确保数据文件内容不被泄露。

（3）多点备份，防止丢失：利用区块链跨互联网分布、多副本复制机制保证数据安全。

（4）全程留痕，事后审计：文件版本变更、操作行为全部上链保存，永不删除，便于事后审核和追溯。

8.1.7 泛融科技供应链金融

随着市场竞争的日趋激烈，单一企业之间的竞争正在向供应链之间的竞争转化，同一供应链内部各方相互依存的程度加深。在此背景下，增强供应链生存能力，提高供应链资金运作效率，降低供应链整体管理成本的供应链金融业务就变得非常受欢迎。

但是，供应链金融业务也存在一些问题，具体如下。

（1）供应链全链信息存在信息孤岛：同一供应链内部各方的业务系统互不相通，导致企业之间信息割裂，全链条信息难以融会贯通，致使银行等金融机构的风控难度加大，从而阻碍了企业融资。

（2）核心企业的信用无法有效传递：传统技术无法高效、可信地证明上游供应商与核心企业的间接贸易信息；而传统供应链金融工具只能将核心企业信用传递到一级供应商层级，无法实现整条供应链上的多级传递。

（3）中小企业融资难：供应链上的中小企业缺乏实力证实自己的还款能力及贸易关系的存在，在现有的银行风控体系下很难获得融资。

(4)企业履约风险无法有效控制:涉及多级供应商的支付和约定结算的不确定因素较多,存在资金挪用、恶意违约或操作风险。

(5)融资成本高:现在如果没有核心企业的背书,供应链中的供应商很难获得银行的优质贷款,而民间借贷利息成本往往非常高。

供应链金融发展的目标是为了依托核心企业,对产业上下游相关企业提供全面的金融服务,进而降低整个供应链的运作成本,并通过金融资本和实体经济的协作构筑银行、企业和供应链的互利互存、持续发展的产业生态。融资便利性和低成本是产业生态繁荣的驱动力。

区块链以其数据难以篡改、数据可溯源等技术特性在融资的便利性和融资成本方面具有创新突破的潜力。区块链可以切实解决"小微融资难、小微融资贵""优化供给侧""去库存"等难题,保障处于供应链上的中小企业的资金链的稳定性和资金流动的高效性,助力中小企业的茁壮发展及提高供应链的竞争力。

区块链作为可信共享数据网络可以将非商业机密数据真实、安全、可信地固化在链上,并实现数据在链上的可信流转,从而极大地解决了供应链金融业务中的信息孤岛问题。

区块链所特有的数字价值凭证技术可以轻松地将核心企业的信用转化成可流转、可融资的确权凭证,并完成供应链企业间的信用的拆分和流转,从而实现核心企业的贸易链路在多级供应商间进行可信传递的目的。

电子合同、单证、支付凭证等交易数据可以真实、完整地固化在区块链上,用以佐证贸易行为的真实性,从而为银行的风控提供更详细的数据支撑,最终降低银行为供应链上中小企业融资的风险。

在供应链金融中应用区块链将会实现这样的目标:基于加密数据的交易确权、基于存证的真实性证明、基于共享账本的信用拆解、基于智能合约的合约执行。最终可以满足供应链上多元信息来源的相互印证与匹配，解决资金方对交易数据不信任的痛点。

将区块链融入供应链金融能够确保数据可信、互认流程，保障交易真实性；防范履约风险，提高操作层面的效率，降低高额的操作成本；释放核心企业的信用到整个供应链条的多级供应商，提升融资效率，丰富金融机构的业务场景，从而提高资金运转效率。

8.2 "区块链+文娱"多样化玩法

区块链与文娱领域的融合正在进入发展阶段，各种应用会越来越深入，形成一股新的潮流。最近，在"区块链+文娱"方面，很多引人注目的玩法已经出现，例如，抖音通过区块链优化审核系统与模式、加密狗打造全新的游戏生态等。

8.2.1 抖音：通过区块链优化审核系统与模式

在抖音上，用户上传的内容都是由人工审核的，系统主要关注的是内容是不是违规、画面是不是清晰、题材是不是新颖等问题。这样的模式很容易出现因为审核不到位而让不良视频发布出去的风险。例如，如果出现血腥、暴力或抹黑英雄等视频，由于抖音的用户群体基数太大，很可能会在社会上产生不好的影响，等等。

如果加入区块链，抖音就可以弥补审核系统与模式的漏洞。在审核视频这个问题上，抖音可以在后台设置两个社区中心：一个是普通中心，用于储存用户上传的视频；另一个是区块链中心，用于将视频进行数字化处理。

用户将视频提取到区块链中心，系统通过提前设置好的算法机制进行内容转码。系统内置相应的审核机制，并设置一些不能通过审核的代码，即违规码（例如，会对社会健康、道德、法律产生影响的内容）。视频只有完全避开违约码才可以通过审核。这样一来，抖音就可以利用区块链大大降低审核视频的成本，弥补人工审核的漏洞。

8.2.2 加密狗：打造全新的游戏生态

将区块链与游戏融合可以产生新的商机。例如，基于区块链的虚拟电子猫游戏《CryptoKitties》（加密猫）在以太坊上线，仅用了一周时间，交易额就达到了上百万美元。不过，这也造成了以太坊的网络拥堵问题，导致交易困难。

在此背景下，另一款基于区块链的游戏《Cryptodogs》（加密狗）诞生。与加密猫类似，加密狗同样可以收集、售卖和繁殖。用户不能破坏自己的宠物，也不能将其复制或带走，这些行为一旦产生就会影响个人资产。

与加密猫不同的是，加密狗对区块链进行了升级，用户玩起来会更有趣，交易也更顺畅，提升了游戏体验。加密狗采用的是 Achain 公链，其共识机制是 RDPoS，这极大地提升了该游戏的扩展性和便利性。通过在 Achain 公链上分叉出支链，加密狗满足了不同的场景需求，有效地解决了以太坊中的拥堵和高费用等问题。

加密狗通过两只狗的繁殖产生新一代的狗，如图 8-5 所示。与加密猫不同的是，加密狗可以通过基因突变让普通基因在繁殖中转变为稀有基因，从而获得更大的收藏价值，为玩家带来更好的效益。加密狗有固定的 30 分钟的繁殖时间，繁殖效率比较高。

区块链应用于文娱领域 第 8 章

图 8-5 不同代的加密狗

"区块链+文娱"改变了游戏行业的格局,加密狗的出现更是给游戏行业提供了新的启示,即除了要在精细化运营上寻找突破口以外,还要重视新技术的引入与应用。

8.2.3 去中心化的游戏网络 CrytoWorlds(加密世界链)

回顾区块链产业的由来和发展历程,前后经过了 1.0 版本、2.0 版本,并处于迈向 3.0 版本的关键期。区块链 1.0 版本是以比特币为代表的虚拟货币;区块链 2.0 版本是区块链在金融领域的运用;区块链 3.0 版本将应用扩展到金融领域之外的领域,包括医疗、云计算、物流、农业等,覆盖人们生活的方方面面。

由于用户的爆炸式增长、内容开发的不断扩充、运用领域越发广泛,区块链对网络算力的需求不断加大,致使以太坊网络终于触碰到了算力"天花板"。

例如，此前在网络上爆火的加密猫就曾经占据了以太坊网络20%的算力，导致系统超级拥堵，几近瘫痪。

CrytoWorlds（加密世界链）是全球首条多链机制融合主链，属于区块链3.0时代的产品，是一个结合了基于共识机制的联盟链和个人公有链的融合主链项目。该产品通过区块链核心引擎，在联盟计算机网络上构建了一个联盟区块链环境。

在区块链记账入链时，CrytoWorlds先让每个联盟的核心会员从自己提供的记账节点服务器中挑选出一台候选记账节点服务器，然后所有候选记账节点服务器再通过共识算法选举确定谁最终获得记账权。

同时，CrytoWorlds通过侧链对接技术实现其他公链与加密世界公链的对接，从而形成一个融合链网络。CrytoWorlds自带的网络可以承载百万级交易需求和更强性能需求的智能应用，同时依然保持安全高效的共识机制和分布式账本。

在技术上，CrytoWorlds使用了复合联盟链和个人共有链的多链技术，将记账权与验证权分散到不同的链中，从而使区块链的读写吞吐量效率成倍增加。

CrytoWorlds有六大设计原则。

（1）迁移便利性。新技术的出现短期内很难对传统技术进行彻底的颠覆，因为很少有新技术能相对于传统技术在商业价值及效率上有十倍以上的生产力提升，区块链技术亦是如此。基于区块链的共享游戏平台要想落地，必须采取渐进的策略，能够让传统行业应用便利地迁移到共享游戏平台，而不是对传统行业的彻底推翻，重新再来。

（2）应用隔离。一台性能较高的设备不应该只运行一种应用类型，CrytoWorlds应该具备一种应用隔离机制，保证应用之间互不干扰，同台设备同时为多种应用场景服务，让设备自身资源利用最大化，也让应用安全性最大化。

（3）高效率。平台能够商业化的一个很重要的支撑因素是高效性，CrytoWorlds 对新加入节点的审查机制，确保资源提供方设备单机性能符合商业要求。平台潜在的商业价值是巨大的，交易频次也将是巨大的，CrytoWorlds 采用共识算法，保障交易效率。

（4）公平性。公开、透明、可追溯、不可篡改的记账体系是区块链的核心价值之一。CrytoWorlds 让体系内所有角色得到合理价值体现。

（5）合约开发框架。CrytoWorlds 提供了智能合约的开发框架，提供了支持流程调度的游戏状态机开发基础框架，可以为更多的参与者一起构建和完善加密世界。

（6）参与的便利性。应用开发者将开发好的应用封装，上传到应用市场，应用使用者需要使用某种应用，即获得相应应用的授权后，发布计算任务，按计费规则进行服务计费，整个流程无须人员参与，全部在 CrytoWorlds 平台自动化完成。

CrytoWorlds 使用了以下核心技术。

区块链解决的是不可信网络下的分布式共识计算方案。区块链的效率及规模，取决于核心共识算法。不同的算法也根据自身的特性采用了不同的一致性协议，从共识属性来说一共有以下三个。

（1）可终止性。每个正确的进程最终会决定某个结果，算法不会无尽执行下去。

（2）合法性。如果一个值被通过，那么这个值一定是由某个节点提议过的，即只有被提议过的值才会被通过。

（3）完整性。至多有一个值被通过，即两个不同节点不能够通过两个不同的值，所有进程必须同意同一个值。

第 9 章

区块链应用于金融

世界经济论坛预测，到 2027 年，世界各国的国内生产总值（GDP）将有 10% 以上被存储在区块链上，这其实并不夸张。作为数字货币比特币的底层技术，区块链将会对现有的金融领域产生颠覆性影响，主要体现在支付汇款、产权确认、清算等方面。

9.1 资产和权益数字化

资产和权益数字化是金融领域的发展趋势，存在一定的风险，区块链则可以降低或消除这种风险。区块链的分布式结构及去中心化的信任机制为解决金融领域的痛点提供了一条新道路，该技术正在逐步成为金融领域的关键基础设施。这些趋势表明，一个新的时代即将到来，金融领域会迎来区块链潮流。

9.1.1 网络世界里的资产和权益

想象一下这样的未来：当你起床时，用眼睛扫描区块链上的一串符号就收到了来自大连一处海边别墅交易成功的电子确认函。几天后,你来到别墅前,用眼睛扫过大门密码,大门就自动打开了。

这套别墅被原来的主人作为数字资产登记在区块链上,当你搜索到这套别墅的信息时,区块链联合智能全息投影技术为你提供了可视化的立体呈现。你戴上VR头盔就如同置身于别墅,柔软的沙发、温和的海风让你非常享受。于是,你决定将别墅买下来。你使用比特币轻松完成了交易,与交易相关的数据都被储存在区块链上。

这就是未来的智能生活:实体世界里的资产和权益迁移到了网络世界里。区块链的快速发展让我们有理由相信,这种智能生活即将到来。基于区块链的小蚁开源系统让我们看到了区块链在资产和权益数字化方面的初步应用。

小蚁开源系统通过制定规则以可追究责任的方式开展简单事务,不需要追求完全的去中心化。在小蚁开源系统中,记账是一个简单事务,记账人的权力比比特币矿工的权力小得多,这种设计将清算的时间缩短到15秒。

之前,从发起金融交易到确认挂单成功的时间通常是10分钟。小蚁开源系统使用的是清算型区块链,即牺牲一部分不关键的信息,以获得更好的灵活性、吞吐量及用户体验。小蚁开源系统将区块链应用于登记发生资产变更的交易,并由此派生出一种新型的去中心化交易模式——超导交易。

借助超导交易,小蚁开源系统的用户不需要给交易所充值就可以在交易所挂单。在挂单成功后,交易所会把成交的信息传播到协议网络中,并被区块链记录。例如,用户A想要通过小蚁开源系统卖出自己持有的某企业的股权,他不需要提前将自己的股权转进交易所,只需要在本地通过私钥对委托单进行签名就可以成功挂单。当用户A与用户B成交后,用户B支付的款项将直接进入用户A的钱包,用户A的股权则会直接转让给用户B。

超导交易是一种新形态的交易：交易所负责整合信息，区块链负责财物交割。由于超导交易不涉及钱财管理，而且交易指令都有密码学证据，所以交易所没有特殊的权力，不涉及监管当局的前置审批。

此外，用户不需要为挂单、撤单等指令支付费用。如果挂单成功，交易所会承担数据写入区块链所需的手续费。随着区块链的发展，超导交易很可能会应用于包括 A 股在内的主流金融市场。

小蚁开源系统为用户提供了查询、支付两个密码，用户体验与网银一致，用户付出较低的学习成本就能获得良好的安全性。除非用户主动向他人提供数字证书，否则任何第三方都不能获知用户的身份。

引入实体世界的资产和权益是小蚁开源系统的目标。因此，小蚁开源系统充分考虑了合规要求，将自己定位为一个对接实体世界的区块链金融系统。作为一个去中心化的网络协议，小蚁开源系统可以应用于股权众筹、数字资产管理、智能合约等诸多方面。

小蚁开源系统实现了资产和权益的数字化，使得实体世界的资产和权益都能够被编程。相信基于区块链的小蚁开源系统会对传统的金融系统产生深刻的影响，而且还将创造全新的数字化金融生态。

区块链的诞生让现实世界里的事物连接在一起，并可以有效抵抗黑客的攻击，各类资产和权益可以直接在网上登记，交易与数据永远不可篡改。这种巨大的魅力让各类资产和权益汇聚在区块链上，用公钥和私钥进行管理。未来，所有的资产和权益都将以符号的形式存在于算法中，人与人之间的信任也存在于算法中。

9.1.2 将票据交易"放"到区块链上

区块链应用于票据交易有四个好处。一是提升票据、资金、理财计划等相关信息的透明度;二是重建公众、政府及监管部门对票据交易所的信心;三是降低票据交易的监管成本;四是推动实体经济的发展。下面是依托区块链设计并研发票据交易的方案,如图 9-1 所示。

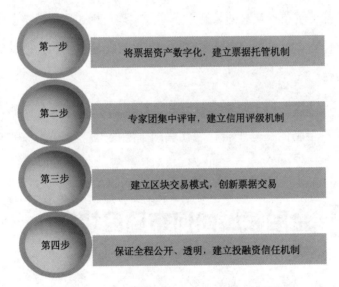

图 9-1 依托区块链设计并研发票据交易的方案

第一步:将票据资产数字化,建立票据托管机制。

通过区块链实现票据资产数字化,然后将其引入托管银行。在票据交易中,由托管银行发布票据托管、托收、款项收回等信息,确保资产的真实、有效。

第二步:专家团集中评审,建立信用评级机制。

票据交易所应当积极发挥自身的引领作用,让专家团集中评审票据承兑人或持票人的信用状况,建立完善的信用评级机制。信用评级机制为票据交易的健康、有序发展提供了条件。

第三步：建立区块交易模式，创新票据交易。

区块链可以将票据的评级、托管、登记、认购、转让、清算等环节作为一个完整的闭环处理。区块链可以及时、有效地推进票据交易的达成，不仅提升了效率，还能保证票据及资产的安全。

第四步：保证全程公开、透明，建立投融资信任机制。

区块链保证了票据交易的公开、透明，实现对标的票据、交易资金、托收资金、理财计划实时监控，建立了有效的投融资信任机制，为票据交易所的发展提供了条件。

总之，将区块链用于票据交易有利于解决票据交易市场的问题，为票据业务创新提供全新的交易平台，为互联网金融的可持续、健康发展做出有益的尝试。

9.2 金融领域如何布局区块链

在金融领域，区块链受到了极为广泛的关注，一些国际性的企业都在积极布局区块链产业，建立自己的区块链研究室。如果从宏观角度看，金融领域似乎是区块链敲开的一扇重要的"大门"。本节将从支付、审计、清算等方面着手，对"区块链+金融"进行详细介绍。

9.2.1 支付汇款方式变革

在金融领域，区块链的意义是实现自动化、有担保的交易，而无须诉诸银行等第三方。如果将区块链与支付结合到一起，那么会发生什么样的化学反应呢？区块链改变支付的5种方式如图9-2所示。

图9-2　区块链改变支付的5种方式

1. 移动钱包

移动钱包在一定程度上动摇了现金和支票的地位，苹果支付、安卓支付及零售商提供的数字钱包等移动钱包带来的便利性吸引了用户的注意力。然而，移动钱包的安全性一直为人诟病。区块链的多重签名和高效验证信息功能为移动钱包的安全性提供了有力保障，同时还可以阻止不良行为，如重复支付、欺诈、哄抬物价等。另外，区块链还能够提高支付的速度、改善用户的体验、降低全球支付的费用。

2. 汇款

据业内人士统计，全球的平均汇款成本在7%左右，商业银行更是远远超过这个水平。如果全球的汇款成本能够降低2%，那么消费者每年将节省大约160亿美元的支出。由于区块链消除了第三方，因此，其与支付的结合将会降低用户转账的高额服务和交易费用。例如，区块链企业Abra和Coins.ph就已经使用区块链实现了比特币的全球转账交易。

3. 无须银行账户

毫无疑问，区块链的应用将会弱化银行的作用。在美国及尼日利亚，有数百万华人都没有当地的银行账户。然而，区块链为这些人解决了这个难题。现在只需要一部智能手机，不需要银行账户，他们就可以通过区块链参与全球电子商务、获取贷款，或向朋友、家人等进行安全转账而无须支付高昂的费用。

4. 奖励和忠诚度计划

在购物时获得奖励是消费者喜闻乐见的事。区块链就是提供和管理奖励活动的平台，星巴克已经证明了这一点。区块链可以改善积分交易方式，所有的数据都记录在一个公开的账本上，商家可以实时监视积分交易，用户的积分也可以随时转移。例如，你只需要轻轻一点，就可以把星巴克或航空企业的积分送给自己的朋友或恋人。

伦敦初创企业 Plutus 正在研发一款移动程序，使用这款程序进行转账或购物可以获得数字令牌奖励。这些奖励可以用在任何接受比特币的商家。未来，商家可以使用这种奖励系统奖励消费者。例如，你可以在星巴克使用航空企业的积分。

5. 可穿戴设备发展

移动支付的发展已经不仅仅局限于平板电脑和智能手机，市场上已经出现了包括手表、手链、戒指在内的可穿戴设备。用户的支付信息会通过区块链储存下来，而不用担心被骗。然而，最有趣的是区块链会使支付变得更简单。例如，你走进一家商店去购买香烟，只要"晃动一下你的手，手上的智能手表就可以检测到香烟盒上的半透明密码，然后执行一个哈希函数，香烟就会立即变成你的。"

区块链解决了价值传递过程中的信任问题，该技术可以让我们与全球任何一个地方、任何一个角落的节点相连。在新的金融业态下,银行的业务将真正回归存款、借贷的本质。随着区块链的应用越来越广泛,自金融时代将到来,即个人可以自由从事金融交易。

9.2.2 区块链让审计人员"下岗"

提到取代人类工作的机器,大部分人想的是天猫、京东上的订单也许可以由机器处理;亚马逊仓库里辛苦的搬运工作也可以交给机器做。然而,未来的机器做的事远不止如此,它们还将处理更复杂的任务。例如,区块链就有可能取代传统金融领域中一些专业人士的工作,其中就包括审计人员。

在加拿大多伦多举办的一场区块链活动上,比特币的核心贡献者彼得·托德(Peter Todd)揭示了华尔街对区块链如此热衷的秘密。彼得·托德说:"传统金融系统有一个'公开的秘密',那就是对数据库、员工并不信任……甚至他们自己都互相不信任。在这种情况下,因为不信任而产生的问题就非常多。"

彼得·托德还说:"银行对数据库和员工的不信任让审计人员有了工作。为什么会有大量的审计基础设施和审计人员研读交易数据呢?消失的钱去了哪里?谁私自动用了钱?钱最终被转移到了哪里?这一切都是合法的吗?"

全球各大金融机构都对创建一个保存数据的新系统非常感兴趣,以区块链为底层技术的比特币系统就是这样的系统。如果用比特币系统取代目前的封闭式账本系统,审计活动将会变得更有效和透明。

现在,尽管审计行业的现状良好,但很难再有提高。金融机构在审计方面做得相当不错。此外,银行提高结算速度也有瓶颈,那就是无法解决金融活动的历史维护问题。

由于审计属于劳动密集型工作,需要长达数小时的连续作战才能完成,因此很难做到即时对一致性达成共识。区块链可以有效解决这个问题。当前的金融系统需要对数据库管理员和钥匙持有者的信任。从这个角度看，区块链就可以充当一个强大的审计日志。

例如，审计人员的工作是简单地输入一些数据，如果他们拥有了一种绑在钥匙或其他东西上的加密签名，然后以这种方式进入数据库，那么他们将会获得区块链的优势。早在区块链获得关注前，银行就已经开始探索相关技术。所以，当区块链出现后，银行如获至宝。

那么，区块链会取代审计人员，让审计人员"下岗"吗？这个问题的重点在于区块链是否能安全到取代人类？事实上，此答案与比特币创始人中本聪的观点不谋而合。中本聪认为："我们非常需要这样一种电子支付系统，它基于密码学原理而不基于信用，使得任何达成共识的双方都能够直接支付，不需要第三方中介的参与。"

关于第三方的概念，密码学家和数字货币研究者尼克·萨博（Nick Szabo）曾经写过一篇文章，文章指出："第三方实际上是一个安全漏洞，而区块链除了可以通过减少受信方提高安全性以外，还能帮助金融机构降低人力成本。"

9.2.3 让产权确认变得容易

在介绍本小节内容前，我们先看一个真实的案例。陈先生与王太太有两个儿子和一个女儿。在三个孩子都还没有成年时，王太太就因病过世，陈先生将三个孩子抚养长大。陈先生在本市甲处的房屋是20世纪60年代其父母建造的，产权登记在其名下。

后来，甲处房屋需要拆迁，当时该房屋有陈先生及其两个儿子的户口。在拆迁时，甲处房屋采用发放现金的方式进行补偿，陈先生及其两个儿子共获得

80万元，同时可以享受购买配套商品房的权力。在陈先生的分配下，两个儿子各得20万元，陈先生自己得40万元。而乙处配套商品房的产权人依旧为陈先生，而且8年内不得转让。

2020年12月，陈先生突发心脏病去世。2021年3月，陈先生的大儿子起诉至法院要求确认乙处房屋归其所有。大儿子称，当初购买乙处房屋完全是由自己出资的。由于当时的拆迁政策，配套产品房只能写父亲的名字。为了避免以后的产权纠纷，陈先生还给大儿子写了一份证明，证明配套商品房由大儿子出资，所有的购房款及后续办理产权的一系列费用都是大儿子拿出来的，实际产权人是大儿子。

大儿子表示，自己之所以向法院起诉，是因为要求二弟和小妹一起去公证处办理房产转让手续，但二弟不同意，认为乙处房屋是陈先生的遗产。在庭审中，大儿子提供了由陈先生签名、盖章，并按了手印的证明，该证明上还有代书人及证明人小妹的签名。

而二儿子认为陈先生在出具证明时已经70多岁，身体状况非常差，不具有民事行为能力；小妹作为代书人及证明人与原、被告有利害关系，其签名也没有法律效力。因此，二儿子坚持陈先生出具的证明没有法律效力，乙处房屋不可以随意转让。

公民的民事权益受到法律保护。乙处房屋的产权虽然登记在陈先生的名下，但陈先生已经出具证明，明确表示该房屋由大儿子出资购买，自己不享有产权份额，实际产权人为大儿子。大儿子要求乙处房屋归其所有的主张于法有据，应当得到法院的支持。

当前，与产权确认及遗产归属有关的法律案件频发，其中涉及的情节多种多样，处理起来非常复杂，而区块链可以解决这个难题。美国的区块链企业

Ubitquity LLC 就研发出适用于房地产行业的文件安全储存平台。

Ubiquity LLC 的联合创始人和首席执行官 Nathan Wosnack 表示,区块链能极大地降低文件编程的风险。在美国,每年仅是欺诈性转移问题就会带来近10亿美元的损失,这主要来自金融机构发放贷款或房屋贷款给被认为是合法所有者的"坏蛋"。因此,共享不篡改的账本能够有效减少诈骗案件的发生。

公开的区块链可以缩短产权的搜索时间,增强产权的保密性。不可篡改是区块链作为分布式账本的基础功能,其在产权保护上的应用显然是"恰到好处",能够让更多的机构和企业共享信息,从而避免交易过程中的欺诈行为,减少社会的财产损失,提高相关行业的运行效率,甚至可以替代中介的部分职能。

9.2.4 重新定义清算工作

在证券交易系统中,最重要的一个核心就是清算。目前,证券行业的清算效率并不高,这也是各国金融市场共同面临的一大难题。在清算的过程中,账户信息随时都有可能发生变化。这样不仅沟通和人工干预的成本会很高,还会有额外的操作风险。另外,在这个过程中,证券交易所通常会使用不同种类的数据,耗费的时间也比较长。

区块链可以在数学算法的基础上,通过技术背书将信用建立起来,从而缩短证券交易的时间,并加快清算的速度。基于这种优势,许多国家及地区的证券机构和证券交易所都已经引入区块链。澳大利亚证券交易所就是其中经典案例之一。

澳大利亚证券交易所是取缔现有清算和结算系统,并引入区块链的领头羊。对于澳大利亚证券交易所来说,替换清算和结算(CHESS)系统是一个二十年才有一次的机会,是否有更好的方法可以削减来自投资银行和经纪后端的管理成本也是必须考虑的问题，这正是区块链能够做到的。于是，全球第一家区块链证券交易所因此成立。

实际上，在很早之前，澳大利亚证券交易所就和美国一家名为"数字资产控股企业"的区块链创业企业达成了合作，共同进行区块链的研究与开发工作。澳大利亚证券交易所之前运行的是已经使用了几十年的电子附属登记系统，而引入基于区块链的新系统以后，其开支减少了数千万甚至数亿美元。

引入区块链可以使证券交易中的清算成本大幅度降低，还可以缩短证券交易的时间，降低证券交易的复杂程度。在这种情况下，证券交易就会变得更便宜、迅速、简单，这也是各大证券交易所看好区块链的关键原因之一。此外，澳大利亚证券交易所还引入了数字财产控股，主要目的就是用最快的速度使区块链系统替代CHESS系统。

由此看来，澳大利亚证券交易所非常重视区块链。事实也证明，在区块链的助力下，其清算速度的确有了很大提升。实际上，除了澳大利亚证券交易所外，高盛也开发出了用于证券交易清算的SETLcoin系统。引入区块链后，用户每年的花费将会降低40—50亿澳元。

因为区块链具有加密验证的功能，所以更容易确认交易双方的身份。另外，在证券机构或证券交易所进行清算的过程中，区块链可以通过准确、及时、实际的方式自动建立信任，从而实现价值转移。与此同时，区块链还可以促进交易资产向"智能合约"转化。

在这个过程中，点对点清算也可以被更好地完成。点对点清算完成后，价值转移的成本会大幅度降低，清算的速度也会大大加快。在这种情况下，投资者就会产生非常强大的信心，资本市场的运行效率也可以大幅度提高。

从目前的情况来看，中央集中托管清算似乎已经成为国际共识，而且正处于加速集中的状态。在清算的过程中，如果采取具有去中心化特征的区块链，监管者就可以拥有更多的特权，如处置特权、暂缓或拒绝交收已达成交易的特权等。

因为区块链采取的是分布式结构，所以难免会有多个"中心"，而且这些"中心"之间还有竞争性的合作关系。在这种情况下，效率最高、最可靠的"中心"就会逐渐成为整个结构的"主中心"。通过"中心"和"主中心"，金融监管机构可以对证券交易进行监督和控制，从而降低风险。这就表示，投资者权益能够拥有一个强有力的保障。

在引入区块链的过程中，如果证券交易所或证券机构采取准实时方式，就很可能会使清算变得不连续，这时就可以先把相关业务（例如保证金、净额清算等）保留下来。此举的主要目的是最大限度地降低和避免交易双方可能面临的风险，保护交易双方的隐私。

对于证券交易所和证券机构来说，采取保留相关业务的方式不仅有利于监管者进行合理合法的风险管理和违规处理，从而使系统性、全局性的风险得以降低和避免，还有利于区块链优势的充分发挥，所以必须要引起足够的重视。

9.3 区块链使金融机构受到影响

如今，"区块链+"模式越来越火爆，区块链已经广泛应用于各领域。金融领域率先成为区块链布局的主战场。在银行方面，区块链有效规避了单点故障带来的风险；在证券交易所方面，区块链简化了流程，实现自动化；在审计机构方面，区块链可以保存记录，增强信任；在科技企业方面，完善的区块链生态系统正在被开发和建设。

9.3.1 银行：规避单点故障带来的风险

在区块链的共识机制发挥作用的过程中，所有的参与者共同维护数据，而不存在任何一个中心。因此，银行与银行通过区块链可以共享一个账本。事实上，银行内部也可以通过区块链降低金融系统的监管成本。

对于银行来说，单点故障是一件恐怖的事。所谓单点故障，即由于某个节点出现故障造成银行内部的巨大损失。以巴林银行事件为例，一个成立了200多年的银行仅仅因为交易员未审核便通过一单交易，就出现了巨额亏损，最后不得不选择倒闭。

解决单点故障的方法是严格审计。因此，银行内部的监管成本非常高。包括反洗钱、金融反恐等都会逐渐增加监管成本。在这种情况下，越来越多的银行突然发现也许区块链可以解决这个问题。

数据可追溯、任何单点都没有办法篡改或隐瞒数据，这将降低违法行为发生的概率。可以说，如果在银行内部使用区块链，就能有效降低审计成本与监管成本。西班牙的银行桑坦德银行发布的一份报告就专门谈论了这个问题。

桑坦德银行认为，如果全球的金融机构都使用区块链，每年节省的成本会超过200亿美元。所以，很多人认为也许未来的十年、二十年有很多的金融机构会使用区块链。在我国，积分体系的构建与重组是银行比较安全的区块链试水区。

当前，银行的积分体系基本处在各银行、各业务之间互不打通的状态。总行对各支行的积分体系缺乏统一的协调与运营，监管困难。很多分支行下的积分体系很难产生效果，也无法保证客户回流，难以得到精准的数据反馈。

从银行的角度来说，积分体系的问题包括客户范围小、积分业务种类窄、积分应用项目少等,这些问题造成的结果是客户对积分体系的认同感偏低。从用户的角度来说,获得积分的成本较高、受益较小,通常用户不愿意主动争取。这也使得大多数用户对银行的积分体系抱有比较消极的态度。

下面以彩色币为例看区块链如何进入银行,解决积分体系的现存问题。彩色币指的是被"染色"或"标记"的比特币,在交易时通过备注字段代表某种特定的资产。例如,在一张100元的纸币上标注文字给予某人,将其作为一张借据使用。

当前,总行和支行之间的积分流通处于封闭环境中。引入了彩色币后,总行负责统筹全年的积分发行总量,针对支行的不同需求为积分添加标记,甚至添加定向指令。标记不影响积分在用户手中的留存、转移、使用等行为。不过,总行可以通过标记对支行的积分运营情况进行追溯和统计。

所有的数据反馈都有据可依,积分运营能够精确到客户的每一次交易和转移。彩色币解决了银行的多种积分并行的问题。区块链是一个风险和机遇并存的新兴概念,银行应当及时对其进行研究和尝试,否则很有可能在未来的竞争中被甩在后面。

9.3.2 证券交易所:简化流程,实现自动化

证券的发行和交易烦琐且低效。一家企业如果想发行证券,必须先找到一家券商,然后再和证券发行中介机构签订委托募集合同,把这些烦琐的申请流程全部完成后,投资者才可以正式认购。就美国的交易模式来说,证券上市后,交易效率会变得更低,从交易到交割甚至要花费3到5天的时间。

区块链不仅使证券交易变得公开、透明,还可以让参与者平等享用数据。由于共享网络系统的参与,证券交易模式也发生了变化,由原来的高度依赖中

介变成现在的分散平面网络。在西方金融市场的实践中,区块链已经展现出 3 大优势,如图 9-3 所示。

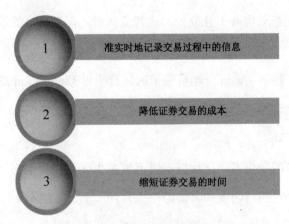

图 9-3 区块链的优势

1. 准实时地记录交易过程中的信息

区块链能准确、实际、及时地记录交易过程中的信息,如交易量、交易者身份等。这样证券发行者就可以充分了解股权结构,从而缩短做出商业决策的时间。另外,由于区块链中的电子记录系统具有公开、透明、可追踪等特点,因此可以有效防止证券交易中的暗箱操作,同时也有利于监管部门和证券发行者对市场进行维护。

2. 降低证券交易的成本

区块链会对证券交易的流程及市场的运转产生影响。一方面,区块链可以使证券交易的流程变得透明、迅速、简洁;另一方面,区块链可以使市场的运转效率得到大幅度提高。当然,最重要的还是区块链能够降低证券交易的成本。

3. 缩短证券交易的时间

区块链的应用还可以缩短证券交易（从交易到交割）的时间，以前可能需要 3 到 5 天，现在只需要十几分钟。这就意味着，证券交易的效率和可控性有了较大提高。

纳斯达克曾经和 Chain 一起搭建了区块链平台 Linq。Linq 是第一个通过区块链进行数字化证券产品管理的平台。可见，在上述优势的推动下，已经有证券机构做出了行动。

再从交易者的角度看，区块链不仅可以减少证券交易中的人为差错，还可以将证券交易平台的透明度和可追踪性提升到一个更高的水平。对于发行股票的企业来说，上面提到的 Linq 具备的管理股票数据的功能十分实用，最突出的作用就是提高了纳斯达克在私募股权市场中的服务水平，从而使创业者和风险投资者享受到更优质的体验。

其实，除了纳斯达克以外，日本、德国、韩国、伦敦等国家的证券交易所也已经成功引入区块链。以上海证券交易所为代表的 China Ledger 联盟也在积极研究区块链，主要目的就是找到符合业内需求的区块链发展新方向。

China Ledger 联盟还邀请了一些海外专家作为技术顾问，如英国瑞银的 Alex Baltin、加拿大多伦多交易所的 Anthony Di Iorio 等。总之，无论是发达国家，还是发展中国家，都非常重视区块链在证券行业的应用，这得益于区块链的强大优势。

9.3.3 审计机构：保存记录，增强信任

区块链助力审计机构的首要表现就是改进审计数据的记录及储存方式，如图 9-4 所示。

图9-4 区块链助力现代审计的表现

1. 改进审计数据的记录方式

对于审计机构来说,区块链的第一大作用是改进审计数据的记录方式。虽然目前的主流是具有审计预警机制的联网审计,但审计人员依然要对那些异常记录进行进一步判断和处理。区块链可以通过验证各节点中的重要信息(如各节点的账本有没有缺漏、节点有没有遭受攻击等)实现对异常记录的自动处理。这样一来,实时审计就能够成为现实。

此外,审计人员也可以对区块链上的信息进行直接且快速的访问查询,并对数据处理的科学性及合理性进行判断。如果数据处理存在问题,审计人员可以在第一时间修正。区块链的时间戳可以记录各项交易和操作,这样不仅可以实现数据的溯源与追踪,还可以使审计工作的质量和效率得到大幅度提升。因此,对于审计机构而言,区块链是非常有益的。

2. 改进审计数据的储存方式

区块链的第一次亮相是在比特币交易系统中,其电子现金系统可以最大限度地保证交易的安全性。美国《华盛顿邮报》也刊登过有关区块链的文章,同时还指出区块链是最有可能改变金融领域的十大前沿技术之一。

可以看到,区块链已经在世界范围内获得了广泛关注,其中也包括普华永道(PWC)、毕马威(KPMG)、德勤(DTT)、安永(EY)这四大国际会计师事务所，它们正在积极研究如何利用区块链提高审计工作的效率。

那么，区块链为什么深受审计机构的喜爱呢？主要原因在于其自身独有的三个特性，去中心化、不可篡改、透明化。

其中，去中心化使区块链的任一节点都可以保存网络中的数据，当某个节点出现故障时，其他节点不会受到影响，依然可以正常工作；不可篡改可以使区块链中的数据被大家共享，与此同时，系统也会对数据进行自动对比，那些被修改过的数据会被挑出来并视为无效；透明化可以使区块链的节点不接受任何不透明的交易，从而保证交易的安全性。

在这些特性的影响下，区块链对审计机构产生了深刻影响，不仅可以改进审计数据的记录方式，还可以改变审计数据的储存方式。在传统的审计工作中，所有的数据都会被储存在一台审计中心服务器上，这样的做法不仅会使服务器的负载过高，还会拖慢服务器的运行速度，并使其遭受严重的攻击。

然而，区块链审计系统是非常典型的分布式储存，而且每个节点都会有相同的备份，不仅可以减少花费在服务器上的成本，还可以保障数据的完整性和安全性。

9.3.4 科技企业：开发和建设区块链生态系统

现在，很多科技企业都在围绕金融领域开发和建设区块链生态系统，其中比较有代表性的是腾讯和百度。

1. 腾讯：通过微众银行布局区块链

微众银行与华瑞银行共同开发区块链，用于彼此间微粒贷联合贷款的结算与清算，使结算与清算的效率提高，成本也降低了许多。作为著名的互联网银行，微众银行没有物理网点，业务模式也与其他商业银行有很大不同。

微众银行通过与其他银行联合放贷经营业务，其80%的资金都来自其他银行。因此，对于微众银行来说，与其他银行顺利进行资金结算非常重要。在这种情况下，微众银行决定通过使用区块链进行银行间的贷款结算。

区块链结算系统的运作模式是非常简单的：合作银行将部分关键信息录入相应的区块链中，微众银行提供统一的操作系统及对账服务，交互界面也是标准化的。合作银行如果想了解贷款详情或对交易风险进行监控，只要通过微众银行的数据就可以实现。

这样方便、快捷的操作让银行节省了人工成本。同时，区块链让一切操作标准化，减少了人工操作造成的失误，确保数据的准确、真实性，也有利于银行的风险监控，确保贷款结算安全、及时、高效地完成。

在这种模式的操作中，区块链发挥了重要的作用。借助区块链的分布式账本、共识机制、不可篡改、可追溯等特点，清算工作也在发生改变。首先，区块链节省了清算的时间，提高了清算的效率；其次，区块链节省了清算的人力成本。

由于区块链受到加密算法的保护，因此，当信息发生变更时，对方能够及时收到提醒，系统会将此情况发送至每个节点，全网共享，避免了信息被非法篡改。可以说，区块链为微众银行的业务提供了创新的可能，使其朝着更好的方向发展。

2. 百度：为区块链的发展制定战略

之前，为了加强技术实力，百度将大量的时间和精力放到人工智能上，这也使其错过了互联网金融的最佳红利期。之后，人工智能在金融领域的作用还没有完全发挥出来，区块链就开始爆发，并为金融领域带去了诸多变革。

不过，幸运的是，区块链也让百度迎来了新的机会。作为一个大规模的科技企业，百度的技术资源和技术团队都具有显著优势，这也成为其入局区块链行业的强大保障。百度在区块链行业的战略（以 2019 年和 2020 年为例）如表 9-1 所示。

表 9-1　百度在区块链行业的战略

时间	战略
2019 年	为了进一步加速产业布局，百度融合人工智能、云计算、大数据、5G 等技术正式推出了区块链平台——天链。天链是百度为了赋能产业而量身打造的集技术、产品、解决方案于一体的综合性平台，可以降低企业对区块链的使用门槛。 天链允许企业针对不同的场景实现一键式使用。与此同时，由于云计算、大数据等技术的加持，该平台不仅可以帮助企业灵活部署公有云或私有云，还能大大降低部署成本。天链针对金融等热门领域推出解决方案，聚焦常用的场景，提供以区块链为基础，又融合多项技术的全流程方案实践，进一步完善了百度的区块链布局。
2020 年	百度基于自己多年来对区块链的研究与探索推出了超级链（XuperChain）。经过不断打磨，这个以"自主研发""高性能""模块化"为初衷的平台再一次被百度更新。在超级链的线上直播发布会上，百度公布了生态合作计划，致力于为开发者和企业打造应用，全面降低区块链的使用门槛，积极推动区块链的发展。

从整体上看，百度在区块链行业布局时，也像当初对待人工智能那样投入了大量的时间和精力。而且，百度从始至终都在对区块链进行打磨和沉淀，同时也在不断寻找可以为自己提供帮助的合作伙伴。

但是在"区块链+金融"方面，很多科技企业都倾向于各自为战，彼此之间的相互制约还是存在的，真正意义上的信息无障碍流通也依然没有实现。目前，金融领域的红利还尚未被收割干净，科技企业只有摆脱传统思维，才能不被淘汰。

包括腾讯、百度在内的很多科技企业都已经入局区块链，这些科技企业希望可以进一步推动区块链与相关业务和各领域的深度融合，例如，无人车、医疗、车联网、人工智能体系、搜索体系、知识体系等。

9.4 区块链在金融领域落地

腾讯、阿里巴巴、百度等科技巨头都应用了区块链,这让我们对该项技术在金融领域的发展充满信心。随着"区块链+金融"的不断深化,越来越多的企业将参与新的时代,并期望通过区块链的引入提升自己的创新水平和竞争实力。

9.4.1 布比:用区块链进行股权登记转让

从正式成立到现在,布比的价值已经越来越凸显,每一轮融资都非常顺利。布比旗下有一个区块链项目,该项目以中心化信任为核心,致力于成为产业价值的连接器,在打造公共区块链网络的同时实现数字资产的自由流动。该项目已经广泛应用在银行、证券交易所等金融机构中,发挥了极大的作用。

在定位方面,布比做了两个层次的布局,一是提供商业级的区块链基础设施服务,为企业打造区块链平台;二是以区块链为基础,建立业务支撑系统。随着规模的不断扩大,布比的优势也不断增多,竞争力有了很大提升,不仅支持适用于区块链网络的共识算法,还开发出安全性更强、交易吞吐量更大、性能更好的 DPOS+BFT 算法。

为了充分满足金融业务的需求,使公开的账户地址及金额不被随意泄露,布比制定了多重隐私保护解决方案。通过互联链共识机制、互联链体系结构及传输协议保护机制,布比将独立的区块链连接在一起,进一步提升了跨链交易的有效性和真实性。

截至目前,布比已经上线了一些经典的行业应用案例,如数字资产发行流通、贸易金融/供应链金融、私有股权登记与转让、供应链溯源、联合征信等，其发展值得期待。

9.4.2 星贝云链：金融风控增信新模式

星贝云链是一家企业与银行联合建立的以区块链为基础的供应链金融服务平台，该平台的出现表明供应链金融拥有了一股强大的新兴力量。腾讯、广东有贝、华夏银行都为星贝云链的建立贡献了资源。

其中，腾讯为星贝云链提供了区块链方面的技术支持，旨在建立一个效率更高的供应链金融流通体系；广东有贝为星贝云链打造了完善的供应链物流流程；华夏银行为星贝云链提供授信服务，并且授信额度可达百亿级别。

在腾讯、广东有贝、华夏银行三方的助力下，星贝云链可以提供多方面的供应链金融服务，服务涉及的范围非常广泛。同时，基于区块链不可篡改的特性，星贝云链能够有效保证交易的安全性和效率。

例如，在上游企业应收账款融资方面，上游企业将应收账款转让给银行，银行需要仔细检查交易的真实性。在区块链的助力下，星贝云链能够抓取很多重要的数据，如上游企业和下游企业交易的真实性数据、第三方企业的物流仓储数据、下游企业 ERP（企业资源计划）生成的数据等。这些数据能够为银行是否向上游企业发放资金提供分析依据。

此外，因为区块链具有不可篡改的特性，所以银行需要核对的资料和数据都可以被追溯和进一步检验，这无疑缩短了银行对融资款项进行审批的时间。在区块链的基础上，星贝云链可以同时对参与交易的各方进行数字化管理。因此，应收账款可以顺利地继续流通，而且每次流通都是可以追溯的。

由此可知，星贝云链为供应链金融中的企业和银行带去了便利。不过，其发展的目标远不止如此，而是实现供应链金融的智能化和自动化，打通金融和产业的壁垒。未来，随着 5G、物联网等技术的发展和普及，相信星贝云链的目标终会实现。

第 10 章
区块链应用于慈善

我们不妨试着想象这样一个场景：在一个平台上，每一笔善款都可以被查询和追踪，每一个慈善组织都可以加入，从而一站式完成慈善活动的各环节。实际上，这样的场景不再仅存在于想象中，区块链的兴起和发展已经使其成为现实。

10.1 慈善领域现状

如今，募捐信息可能"席卷"了大多数人的朋友圈，从某种意义上讲，这与分享经济时代的大环境高度契合。与此同时，慈善领域存在的问题也逐渐凸显出来，例如，善款难追踪、善款到账速度慢、信息不流通等。

10.1.1 捐赠不定向，善款很难追踪

"这是初中同学的父亲，情况绝对属实，希望大家可以奉献自己的一份爱心""亲戚病情危重，资金告急，恳请大家伸出援手"……打开微信朋友圈，我们经常可以看到这样言辞恳切的募捐信息。确实，随着互联网的迅猛发展，"互

联网+"似乎已经成为慈善的一条快车道。

在面对医疗保险无法完全覆盖的重大疾病时,病患家庭会面临着各种各样的挑战,如治疗资金短缺、短期筹资困难等。因此,如何用最快的速度获得"救命钱"成为一个亟待解决的难题。与寻求慈善组织的帮助相比,通过网络众筹平台发起众筹要更简单,众筹者只要将医院诊断证明、患者身份证、医药费账单发布到网上,然后附带一些恳切的言辞,就可以向广大网友发起求助,并得到一笔众筹资金。

正是因为这样,个人求助众筹获得了良好发展,众筹平台也在一步步走进民众的生活,让一些有需求的人得到了帮助。但与此同时,骗捐、敛财等质疑声不绝于耳,众筹平台的漏洞不断显现。

很多人质疑众筹得到的善款究竟"去"了哪里?实际上,这样的质疑并不是空穴来风。2020年,杨姓女士通过众筹平台发布了一条虚假信息,谎称其父不幸感染了艾滋病毒,而母亲也已于一年前离开人世。信息发布后不久,杨姓女士就筹集到了50余万元的善款,但当时,那些好心帮忙的网友并不知道自己已经上当受骗。

目前,与上述事件类似的虚假众筹不在少数,善款虚高、众筹平台监管不力、募集金额过于随意、善款支配不透明、善款用途难追踪等问题也时有发生。新闻报道过,一名女大学生在得到为病母筹集的善款后,就不再更新和公开医药费账单、钱款花费明细等信息,导致捐款人无法知道自己的钱被用在了哪里。

业内人士认为,知名度高的众筹平台很可能会变成骗子行骗的"温床"。因为众筹平台的准入门槛低,对项目审核把关不严,助长了利用民众的同情心敛财的现象。确实,把关不严、监管不力是众筹平台的弊病,众筹平台要通过某些措施消除这些弊病。

对此，众筹平台应该尽可能地严格审核，例如，在每个救助筹款页面上增加"举报"功能，一旦有人举报，该项目的众筹就暂停。不过，这种审核比较困难，除非众筹者自己配合，否则还是会出现沟通不畅的问题。

毋庸置疑，诈骗、善款用途难追踪等问题不仅影响了众筹平台的良好发展，也严重打击了捐款人的捐款积极性，使那些真正需要帮助的人得不到应有的帮助。因此，为了还社会一个良好的风气，这些问题必须尽快解决。

10.1.2 信息不流通影响捐赠活动

信息不流通是困扰慈善领域发展的瓶颈之一，这个瓶颈造成了两个方面的影响：一是需要帮助的人不知道有哪些慈善资源和慈善项目；二是慈善组织难以锁定要帮助的对象。因此，如何解决信息不流通的问题，提高慈善领域的效率非常值得思考。

要解决上述问题，除了要增强慈善组织的公信力，加大慈善组织的审核力度以外，还要规范捐赠活动，打造"阳光慈善"，这样才能让更多需要帮助的人得到帮助。如今，慈善领域存在"三不见"现象，这也是由信息不流通造成的：

（1）捐款人看不见善款用在哪里；

（2）受助人看不见哪些是善款；

（3）民众看不见民间慈善服务。

当然，这"三不见"现象也许有些偏颇，但其中蕴藏的问题值得关注。之前，为了更好地掌握信息，很多捐款人会直接把善款交给受助人，这样的方式效率不高，而且容易产生风险。比较理想的方式应该是：慈善组织统一收取善款，对善款进行集中管理和科学调度，让每个受助人都得到关爱。

此外，在信息不流通的情况下，对于善款是否全部交给受助人的问题，捐款人仍然心存疑虑。尽管现在慈善组织会公开善款的去向，但捐款人对善款的使用情况还是不太了解。久而久之，捐款人的捐款热情就会受到影响。

作为连接捐款人和受助人的桥梁和中介，慈善组织要提高监管力度，为善款的管理、使用、分配、经营等环节负责，还必须有一套透明的财务管理制度和社会公示制度。此外，慈善组织也应该建立科学的运行机制，减少运行成本，保证自身的顺利运转和善款的绝对安全，树立良好的社会形象，从而增强捐款人的信心。

总之，要想解决信息不流通的问题，还是要从慈善组织着手。当然，这个问题也不是单靠慈善组织就可以解决的，还需要政府和社会的支持与配合。随着技术的不断发展，将区块链技术应用于慈善领域，也有望成为解决这个问题的有效手段。

10.2 区块链助力慈善去中心化

笔者一直在讲区块链是一种分布式的记账方式，可以将信息记录和储存下来，并保证其不被篡改。这也在一定程度上决定，凡是需要公正、公平、信任的地方，如保险、公证、教育、慈善等，就需要区块链。由此来看，在解决慈善问题上，区块链有天然优势。

10.2.1 善款筹集公开、透明

前面已经说过，无论是记录信息，还是细节，只要在区块链上做交易就一定是公开透明的。在这种情况下，每个人都可以通过互联网进入区块链平台查询信息。这个过程并不需要任何成本。当然，除了查询信息以外，写入

信息也不需要任何成本，而且这种写入并不需要将写入者的身份公开，具备一定的匿名性。

另外，因为区块链具有去中心化、公开透明等特性，所以在需要去中心化、去信任化的场景下，区块链可以被很好地应用。从上一节讲述的内容来看，慈善领域存在诸多问题，区块链的应用则可以为这些问题提供一些解决方案。

从"郭美美事件"到"罗尔求助风波"，慈善领域似乎已经被这样的"丑闻"搅得浑浊不清，继而引发了民众对慈善事业的质疑。在这种情况下，善款的总额也呈现出逐年下降的趋势，对弱势群体的帮助产生了严重影响。实际上，如果仔细分析，民众对慈善事业的质疑主要来源于慈善的透明化程度不够。

慈善组织必须把公开、透明当作自己的发展底线，《中华人民共和国慈善法》（以下简称《慈善法》）要求慈善组织必须公开晒账，募捐信息必须在指定平台发布。同时，由于慈善组织实行的是自主管理模式，因此即使其受到了某些法律法规的约束，在监管机制方面还是会有所欠缺。

由此可见，要想提高慈善的透明化程度，除了需要慈善组织的自律，还需要政府的协助。毋庸置疑，如果政府相关部门可以强化自己的监管职能、及时跟进各种检查手段、严格披露慈善组织的信息、谨慎审核各类财务报表，是有利于提高慈善的透明化程度的。

另外，一些重要的信息（如善款筹集明细、善款去向等）都可以记录、储存在区块链上并进行公示。不仅如此，区块链中的智能合约还可以对定向捐赠、有条件捐赠等比较复杂的慈善场景进行管理，这样慈善行为就可以在社会监管下变得更透明。

前面已经说过，慈善领域存在捐款人无法追踪善款的问题，在这个问题的影响下，善款是否可以真正帮助受助人已经很难确定。然而，应用了区块链后，与善款相关的信息可以被实时写入区块链,从而使善款的去向一目了然。这主要得益于区块链强大的分布式共享记账能力,可以将那些散落在各地方的信息汇集在一起进行公示。

10.2.2 基于区块链的分布式公益账本

借助区块链的强大力量,慈善领域的信息有望做到真正意义上的公开、透明。现在,很多企业都开始关注并尝试将区块链引入公益项目。

虽然这个过程充满了困难和波折,但当区块链的作用和价值得到越来越多的企业重视时,"阳光慈善"的实现速度也会越来越快。

从目前的情况来看,我国的慈善体制存在一些问题,如信息公开化程度较低、涉及环节过多等。很多捐款人不知道善款的去向和使用情况,很难对慈善事业产生信任和依赖。

为此,支付宝打造了一个实验性慈善募集项目:只要捐款人能够资助10名贫困听障儿童,就可以在爱心捐赠平台的"爱心传递记录"中看到自己的善款被打包成一个"包裹"。

不仅如此,从捐款一直到支付宝为项目划拨善款,整个过程的每个节点都会被盖上"邮戳",这里所说的"邮戳"可以为捐款人公开查询某些信息(如物流信息、银行信息等)提供便利。与之前的慈善公开流程相比,该募集项目可以对善款流动的每个环节进行跟踪,还可以保证信息的永久有效。

该募集项目的主要目的是当善款进入支付宝以后,区块链可以记录并储存善款流动的整个生命周期,从而形成一个完整的生态闭环。另外,由于所有的节点都遵循共识性原则,因此,信息可以在每个节点得到同步,这也促进了多方记账的实现。

在该募集项目中,捐款人姓名、捐赠时间、受助人姓名、善款金额及其划拨时间等信息都已经被详细记录并进行公示。这样捐款人可以随时对自己需要的信息进行查询,可以说,该募集项目的确实现了公益账本的透明化和人人可查阅的目标。

用区块链做慈善应该是一种在捐款人与受助人之间建立信任关系,从而实现直接支付的方式,而不是像传统的由基金会决定项目并管理资金,再为捐款人报账的方式。同时,区块链在慈善领域的用途绝对不是炒作,更不是一种交易行为。鉴于此,关于如何做公益账本的问题,我们可能还需要进一步思考。

从目前的情况来看,在平台自有能力的助力下,"区块链+慈善"虽然成功打通了慈善组织的记账、银行端的记账等环节,但与整个社会一起记账相比,仅仅是迈出了第一步。由此来看,"区块链+慈善"还有一段比较长的路要走,但我们相信,当走完这条路后,其作用和价值就会被充分发挥出来。

10.3 "区块链+慈善"的具体应用

在慈善领域,区块链已经成为一个火爆的名词,阿里巴巴忙着在这上面布局,推出了支付宝爱心捐款平台。此外,慈善基金会 BitGive 也将区块链与人道主义工作连接在一起。这些案例让我们相信"区块链+慈善"将释放更大的能量。

10.3.1 BitGive:推出比特币捐赠平台

BitGive 是一家非营利性的慈善基金会组织,致力于将区块链应用于人道主义领域,以促进慈善事业的发展。

BitGive 十分关注公共健康及环境保护方面的慈善与社会公益工作。其曾经从比特币社区募集了 11 000 美元，为肯尼亚的一所学校开凿了一眼水井。BitGive 与 The Water Project（世界饮用水项目）合作共同完成了这个项目，其通过比特币捐赠，实现了将清洁的水引至学校，解决了学校的用水问题。

BitGive 致力于将区块链应用于慈善事业，在其公布的"慈善 2.0"计划中，许多项目都引入了区块链。同时，BitGive 希望利用区块链建立一个公开透明的捐赠平台，善款的去向都可以通过这个捐赠平台向民众开放，从而提升民众对慈善事业的信任度。

随后，BitGive 推出了捐赠平台 GiveTrack，GiveTrack 通过基于区块链的资金转移和跟踪解决方案，提高了资金募集和资金使用的透明度，民众可以对资金的流动过程进行监督。GiveTrack 还可以保留全部的交易记录，包括资金来源及资金去向等信息。

GiveTrack 依托区块链能够有效提高 BitGive 的运营效率，使其人道主义工作更好地开展。同时，区块链能够解决交易中的信任问题，这将加深 BitGive 与民众之间的信任，从而为 BitGive 打造更好的声誉。GiveTrack 借助公开透明的运作流程使 BitGive 的问责机制更完善，也使 BitGive 的监管更有效。

基于区块链的捐赠平台能够规避慈善领域存在的资金滥用、资金去向不明等问题，能够保证受助人的利益。同时，捐款人也能够了解自己捐赠的资金是被合理利用的，从而对慈善组织更信任。

10.3.2 支付宝：打造区块链爱心捐赠平台

支付宝旗下的爱心捐赠平台已经正式引入了区块链，同时还会向广大慈善组织开放。这也就表示，只要签约的慈善组织通过了支付宝爱心捐赠平台的审核，就可以自助发布以区块链为基础的慈善项目。

壹基金与红十字基金会成为最先敲开支付宝爱心捐赠平台大门的两个慈善组织。此后，支付宝爱心捐赠平台吸引了越来越多的慈善组织。那么，这个平台的吸引力究竟体现在哪里呢？我们将从以下三个方面进行详细说明。

1. 有利于解决善款不透明的问题

区块链其实是一项"不可篡改的数字账本"技术，将其应用到慈善领域，一个重要的优势就是其自身具备的公开、透明的特点。在很早之前，部分专家学者就已经断言，区块链可以有效解决善款不透明问题。

平台借助操作便捷和流量巨大这两大优势，使慈善变得越来越平民化。在这种情况下，慈善事业的主要问题已经由公民捐献意识薄弱及资金短缺变成"物不能尽其用"。确实，捐款人最想知道的应该是自己的钱究竟被用到了哪里，而区块链可以很好地回答这个问题。

壹基金有一个非常知名的"海洋天堂计划"项目，该项目的主要目的是让贫困家庭的自闭症孩子可以获得良好的行为训练。在这个区块链项目中，从捐款人捐出善款一直到受助人收到善款的过程都必须在支付宝后台完成。不仅如此，区块链还会将其记录并储存下来进行公示，管理费用也不例外。此外，壹基金服务公众、接受公众问责的理念正好与区块链的发展理念吻合，也有利于落实《慈善法》信息公开、透明的要求。

除了壹基金的"海洋天堂计划"项目，红十字基金会的"和再障说分手"项目也不可不提。在该项目的页面上，捐款人只要点击"爱心传递记录"，就可以对善款的流向进行查询和追踪。此外，捐款记录、筹款现状、捐款时间、捐款金额等信息也可以被捐款人查询到。而且，善款筹集结束后，拨付善款的时间及每一位受助人收到善款的时间都会被公示。

2. 可以解决捐钱、捐物、捐保险等问题

众所周知，过去，阿里巴巴已经在多个领域（如电商、支付、云计算等）积累了技术经验，支付宝爱心捐赠平台使用的区块链在吸收了这些技术的基础上进行了自主设计和研发。可见阿里巴巴的区块链研发在不断完善和升级基础上，已经具备了云上的部署能力。

此外，阿里巴巴也正在建设一个开放的"信任链"。作为一个以信任为核心的云服务，它可以提供可信数据库、可信资金交易、可信资产交易、可信链接服务，也可以提供可信的慈善服务，这有利于慈善事业的发展。

部分专家学者认为，在区块链的助力下，企业可以对合作伙伴的记账节点进行逐步扩展。实际上，这也意味着，除了捐款，区块链还可以解决慈善项目的一些问题，如运营、信息公开、财务等。举一个非常简单的例子，某慈善保险项目中的理赔机构可以将自己的"账本"同步到云端，要想让这个"账本"有效，那么就必须得到所有参与方的共同确认。

3. 区块链并不是"拔苗助长"

只要具备公募资格的慈善组织都可以在支付宝爱心捐赠平台自助发布区块链项目。不过，慈善组织也可以自主选择是否要使用这项技术。很多企业都希望区块链可以成为慈善透明化的推动力，而不是"拔苗助长"。支付宝爱心捐赠平台已经运营多年，慈善组织的执行和财务能力也在不断提升，这对区块链在慈善领域的应用非常有好处。

区块链为慈善透明化提供了解决方案。资金拨付并不是一个项目的终结，对受助人接受帮助后的境况进行跟踪与反馈不仅是对捐款人的交代，更是持续不断关注社会问题发展的方式，这个过程需要社会力量的加入和支持。

"区块链+慈善"的方向是有"温度"的救助，有着非常大的想象空间，不仅有望推动慈善事业的发展，更有望倒逼区块链等技术的成熟和进步。

第 11 章

区块链应用于医疗

医疗领域是从区块链中受益比较大的领域。目前,区块链在医疗领域的应用包括电子病历、DNA 钱包、药品追溯、蛋白质折叠等。未来,区块链将解决如今困扰医疗领域的许多问题,如实现医疗数据的共享、保障患者的隐私安全等。

11.1 电子病历:将健康放到患者手中

电子病历是区块链在医疗领域的一个主要应用。电子病历利用区块链对医疗记录进行储存,无论是看病,还是做健康规划,都有了历史数据可以查询。而且,电子病历的真正掌握者不是某个医院或第三方机构,而是患者自己。

11.1.1 医疗数据随时随地查询

过去,各家医院的患者病历是不互通的,因此,当患者去一家新医院看病时,必须重新录入病历,这个过程是非常低效和麻烦的。如果医生在记录病历时出现差错,会给患者带来不必要的麻烦。

区块链电子病历能够有效解决上述难题，区块链电子病历能够实现历史医疗数据的共享。区块链电子病历能清晰记录患者的过往病历，医生在为患者就诊时可以通过区块链系统查看患者的过往病历，为患者制定正确的诊疗方案。例如，当医生向患者询问过敏情况时，如果患者本人不清楚，医生就可以从区块链中查看患者以往的医疗记录，进行判断和确认。

阿里健康与常州市合作推广了"医疗+区块链"的试点项目，将区块链应用于常州市医疗的底层技术架构体系，实现当地部分医疗机构之间安全可靠的数据互联，解决长期以来困扰医疗领域的"信息孤岛"和数据安全问题。

利用区块链将常州市旧有的 IT 设备和系统的信息串联在一起，可以实现卫生院和区医院间从信息孤岛到互联互通，解决医院间的"数据竖井"问题，提高医疗体系的信息化程度，让病人享受"管家式"的全程医疗服务。

在数据传递的过程中，如何保护患者的个人隐私也是医疗领域面临的一道难题，对此，阿里健康在常州的区块链项目中设置了数道数据的安全屏障。

首先，区块链内的数据储存、流转环节都是密文储存和密文传输的；其次，通过数字资产协议和数据分级体系，明确约定上下级医院和政府管理部门的访问和操作权限；最后，审计单位可精确定位医疗敏感数据的全程流转情况。

虽然区块链在医疗体系中的落地还在试点和探索阶段，但在国外，区块链与医疗的结合早已经有了先例，并为医疗领域的数字化转型提供了增长机遇。

11.1.2 保证医疗记录真实、有效

区块链电子病历还有一个优点，就是可以对个人的医疗信息进行实时核实与记录。以前，病历质量问题一直是医疗领域的一大痛点，质量较差的病历不仅会降低医生的治疗效率，甚至还会导致误诊，威胁患者的生命安全。

例如，一个患者拿着很多病历前来就诊，每份病历中的数据还存在着明显差异，这就会导致接手的医生难以快速判断病情。

然而有了区块链以后，上述问题就很容易解决。作为一个分布式账本，区块链可以实时核实和记录交易，这种模式将会给现有的医疗领域的信息处理带来巨大变化。在区块链上，每个人都可以保留记录，维护数据安全。所有参与者的信息都是一致的，这就有效避免了人们恶意篡改信息，保证了医疗记录的安全可靠。

服务方案供应商 Healthnautica 一直致力于让医院、医生和病人之间的沟通更顺畅。该企业与区块链企业 Factom 合作，研究区块链在保护医疗记录与追踪账目方面的技术。Factom 首先利用区块链将数据进行加密和编码，然后生成数据指纹进行时间标记和验证，这种方式可以有效保护患者的隐私。

Factom 的技术特别适合跟踪和保存医疗记录，可以应用于医疗领域。该企业开发这些软件的目的之一就是在保证医疗数据的完整性同时保护病人的隐私。Healthnautica 是一个数字健康记录的先锋，在数据防篡改及储存数据方面非常专业。

11.2 DNA 钱包：双向受益的工具

如果将区块链应用于数据储存方面，那就可以形成 DNA 钱包。这个 DNA 钱包可以通过设置私人秘钥的方式确保基因和医疗数据的保密性。在 DNA 钱包的助力下，医疗机构能够更安全地对医疗数据进行储存、统计、分享，从而提升医药企业研发药物的效率。所以，无论是对于医疗机构来说，还是对于医药企业来说，DNA 钱包都是非常有利的。

11.2.1 把基因储存在区块链上

随着个人基因排序的逐渐普及，全球 70 多亿人对安全储存基因的方法也有了迫切的需求。相关数据显示，个人基因的变化普遍没有超过 1%，理论上可以被压缩到 4 字节。而人类基因中包含的碱基对已经达到了 30 亿对左右，因此，用比特对其进行储存非常不现实。

对基因数据进行储存主要是为了研究染色体。在几个变量的基础上，个人染色体的数据可以发生变化，也就是从 50M 变到 300M。简单地说，如果一个人的基因数据需要用 600 亿字节（3 亿碱基对乘以 2）储存，那就可以利用 GARLI 技术对基因数据进行压缩。

那么，被压缩后的基因数据会在什么地方？又该怎样访问呢？对于基因储存而言，这些问题都是必须要解决的。科技企业 DNA.bits 就可以应对绘制大量临床数据集的挑战，该企业自从成立以来便一直在区块链密码学领域辛勤"耕耘"，希望可以研究出一种匿名且安全，可靠的方式解决某些疑难问题。

通过比特币平台，DNA.bits 可以使不同数据源的数据聚集在一起，而且这个聚集还是在不建立中央数据库的情况下。DNA.Bits 方面表示，人们对基因、健康及疾病相互作用的理解与未来的药学、药理学及预防医学方面的突破密切相关。因为每个人的基因及生活方式都不同，这就导致相同的治疗方案对不同的人产生的影响也不同。

如果利用区块链储存基因和医疗病史档案的办法可以被 DNA.Bits 研究出来，那研究人员就能用一种更方便，也更快捷的方式搜索到基因数据，而且还不会对 DNA 钱包的隐私性和匿名性造成任何侵犯。

山姆·巴拉马是 DNA.Bits 的首席执行官，曾经详细描述过 DNA.Bits 的主要目标：保护患者的个人隐私，让患者可以搜索并控制自己的医疗记录和基因数据，同时也让全人类的基因数据实现交换共享。

如果山姆·巴拉马描述的目标可以达成，那医疗机构还是可以使用患者的病历，然后在此基础上对医疗保健制度进行进一步完善。与此同时，医药企业还可以根据这些数据研发出更加有效的药物，从而帮助患者尽早康复。

按照 DNA.Bits 的设想，区块链的侧链将会记录并储存患者的基因数据和医疗记录。基于此，DNA.Bits 希望可以通过向各个平台授权掌握数据而得到一些售前盈利，同时也希望能够向各个平台收取交易合约费用以获得盈利。

对于 DNA.Bits 而言，无论是拥有基因的人，还是拥有数据的人，又或是进行基因相关研究的人，都可以成为潜在客户。其中还包括医药企业、政府公共卫生部门、科研院所等人员。全球制药市场的价值正在逐年提高，在美国，遗传医学市场的价值同样是每年都在提高的。由此看来，在基因数据和医疗记录方面，制药行业的需求是特别大的。

DNA.Bit 目前正在做的就是，在不泄露患者的个人隐私的情况下，为需要基因数据和医疗记录的各方构建一个系统。可以说，利用区块链储存这些数据是一个非常不错的解决方案。

11.2.2 私人密钥成为基因的保护伞

目前，DNA 筛选和分析项目还面临着诸多问题，其中，最突出的就是个人隐私得不到有效保护问题。任何一位患者都不信任，也不会把自己的个人隐私交给医疗机构、医药企业、医疗保健企业、政府机构……区块链则可以缓解这种矛盾。

有了区块链后，患者不需要信任任何机构或者个人，因为只要是记录和储存在区块链上的信息，那就只能使用私人密钥来识别。如果没有征得患者的同意，任何机构或者个人都无法获取其真实身份。而这一方面的研究也是DNA.Bits 始终都在做的。

对于医疗领域而言，区块链 DNA 钱包的作用是非常重大的：一方面，可以在一定程度上降低人类的死亡率；另一方面，可以保护每一位患者的个人隐私。由此来看，区块链 DNA 钱包的落地是特别值得期待的，即使当代的人们无法等到，那后来人也终将因此获利。

11.3 药品追溯：打击造假、贩假行为

药品追溯不仅是区块链在医疗领域的应用，也是区块链在供应链领域的应用。与编码防伪技术相似，区块链也会在药品的包装盒上设置一个刮层，这个刮层底下是一个特别的验证标签，可以与区块链相互对照，确保药品的合法性。

11.3.1 加强药品供应链管理

将区块链与物联网结合在一起，每个产品就可以通过物联网的方式记录和储存到区块链上。另外，因为公共账本具有不可篡改的特性，还可以提供验证服务，所以如果将条形码、二维码、射频识别等印刷或黏贴在药品外包装上，那无论是供应链上的节点，还是价值链上的节点，都可以追溯。这也就表示，只要供应链或价值链上的环节出现了问题，我们就可以在第一时间发现并找到源头。

在紫云微追溯小程序上，郑州奥林特药业发往江西的药品的生产与流通数据已经可以被全程追溯。然而，这还不是最大的亮点，最大的亮点应该是紫云

股份的区块链平台会记录和储存郑州奥林特药业的追溯数据,并保证这些数据不被篡改。这样一来,奥林特药业的美誉度、影响力都可以得到大幅度提升。

郑州奥林特药业在药品追溯方面的成功实践也从一个侧面反映出中国首个以区块链为基础的药品追溯服务平台——紫云药安宝药品追溯云服务平台已经取得了非常不错的成果。紫云股份从很早之前就开始在药品追溯领域辛勤"耕耘",并正式推出了药品追溯云服务平台,接着又和多家医药企业(例如,民生药业、河南华润医药、美邦药业等)达成了合作,主要目的就是希望可以尽快扩大自己在药品追溯领域的竞争力和知名度。

在中国,紫云股份的药品追溯云服务平台第一次实现了"一物一码,码物同追"的模式,弥补了因为只追码而造成的供应链漏洞。另外,在物流外包模式的助力下,该平台将药品的物流数据与监管码流向数据融合在了一起,并使二者可以相互验证,从而充分保证了码物数据的一致性。这样一来,在医药行业,供应链的闭环就可以形成,假冒伪劣药品也就会被挡在供应链之外。

除此以外,紫云股份的药品追溯云服务平台还可以对药品在流通过程中的温湿度数据进行追溯,从而为药品的质量管控情况提供证明,确保药品不会因质量管控不到位而出现质量下降的问题。该平台还推出了为用户追溯药品的服务,用户只需要关注紫云微追溯小程序,就可以全程追溯自己已经购买或者想要购买的药品,这不仅有助于用户买到真正放心的好药,也有利于保障用户的用药安全性。

自从紫云股份将区块链引入紫云药品追溯云服务平台中,区块链便可以记录和储存追溯数据,从而极大地保证了这些数据的真实性和完整性。此举不仅提升了紫云股份的知名度和影响力,还使紫云股份作为第三方药品追溯平台的地位得以确立。而且,与美国FDA使用区块链对处方药进行追溯的时间相比,紫云股份的药品追溯云服务平台要研发得更早。

除了郑州奥林特药业以外,河南美邦药业也和紫云股份达成了合作,开始走上药品追溯的道路,北泠药业、邦仁药业也紧随其后,纷纷实现了与紫云股份的合作。于是,在医药商业协会的领导下,医药行业区块链联盟正式成立。该区块链联盟的主要成员包括紫云股份、上药股份、九州通医药股份有限公司、国药控股物流有限公司、华润医药等。

对于整个医疗领域而言,以区块链为基础的药品溯源已经成为一个共识,这个共识肯定可以推动药品质量的提升和医药行业的发展。

11.3.2 区块链让假冒药品无处遁形

区块链应用于医疗领域的第二个场景是药品防伪,这也是其应用于供应链领域的场景之一。用区块链进行药品防伪,在药品包装盒的表面会有一个刮层,刮层里会有一个特别的验证标签,这个标签可以与区块链相互对照以保证药品的合法性。

假冒药品通常属于供应链上出现的问题。目前,药品供应链存在不透明的缺陷,区块链的分布式账本技术使得产品追踪上溯到原材料阶段成为可能,由此可以解决药品供应链上可能会出现的不透明及安全问题,以达到监督药品生产和供应的目的。

Block Verify 是一家英国的区块链初创企业,主要业务是研究区块链防伪技术,并提供产品真伪识别、帮助专家验证产品真伪的服务,并用区块链监视产品的生产与供应。在医疗领域,Block Verify 可以帮助消费者追踪药品供应的环节,以确保药品的质量。

区块链专家指出:"利益驱使一些商家铤而走险,制造假药坑害消费者,而生产和销售信息的不对称导致消费者很难对药品进行溯源。既使消费者有药品溯源的意识，现有的溯源方式也很不可靠。区块链可以让产地、厂商、消费者形成闭环，以防止某个环节对药品信息的篡改。"

由于药品生产的特殊性，企业可以先将区块链用在药品的销售环节，将追溯认证纳入市场监管，只要市场上出现假药，监管系统就会立刻发现。

11.4 蛋白质折叠

研究蛋白质折叠的意义在于揭示生命体内的第二套遗传密码。由于蛋白质折叠的速度非常快，过程难以捕捉，因此耗费的成本比较高，而且还可能存在单点故障。区块链可以让研究者借助一个巨大的分布式网络进行高速运算。很多使用成本高昂的超级计算机的企业都开始关注区块链在这方面的应用。

11.4.1 蛋白质折叠的研究现状

加利福尼亚州大学的生物化学家格雷戈里·韦斯在他的文章《可以吃的科学：关于食物10件你不知道的事》中表示，他们已经发明了一种方法，可以让熟鸡蛋重获新'生'。他们表示，这项发明可以极大地减少癌症治疗及食品生产的费用。

研究蛋白质折叠并不仅仅是为了让熟鸡蛋重获新'生'，更重要的意义在于揭示生命体内的第二套遗传密码——折叠密码。

利用 DNA 重组技术进行基因重组的产物往往是无活性的包涵体，而折叠机制对阐明包涵体的意义有着重要的作用；通过蛋白质折叠研究还可以帮助我们按照自己的意愿设计出人类需要的、具有特定功能的蛋白质；通过研究蛋白质折叠还可以找出很多疾病，例如，阿兹海默症、疯牛病、肌萎缩性脊髓侧索硬化症、帕金森氏症的致病原理及治疗方法。

蛋白质折叠的速度很快，捕捉这个过程非常不容易。虽然有学者通过超级计算机模拟这个过程，但这种方法的成本非常高，还会产生一系列问题。因此，有些企业将目光放到了区块链上，希望能够借助分布式网络进行高速运算，以便更好地研究蛋白质折叠的过程。

通过超级计算机模拟蛋白质折叠的过程有一个隐患，那就是可能存在单点故障问题。一旦中心计算机出现故障，就会影响蛋白质折叠的准确性。

截至目前，还没有企业开发出将区块链应用于蛋白质折叠的技术，这项技术尚处于理论研究阶段。不过，区块链中蕴含的去中心化思想及分布式计算思想则被一些企业研究，Folding@home 的蛋白质折叠项目就是在此基础上出现的研究项目。

11.4.2 区块链为蛋白质折叠提供更多算力

对蛋白质折叠的意义进行研究主要就是为了揭示生命体内的第二套遗传密码。由于蛋白质折叠的速度非常快，而且过程很难捕捉，因此，斯坦福大学的教授们曾经使用成本高昂的超级计算机模拟这个过程。不过，这种方式不仅成本十分高昂，还存在单点故障风险。

然而，随着区块链的兴起和发展，借助一个巨大的分布式网络进行高速运算就成为最佳选择。也正是因为如此，很多使用超级计算机的研究者都已经开始关注区块链在蛋白质折叠上的应用，具体可以从以下两个方面进行说明，如图 11-1 所示。

图 11-1 蛋白质折叠的重点

1. 排除计算机运算的单点故障

Folding@home 是由斯坦福大学化学系的潘德小组主持的项目,主要研究蛋白质折叠的分布式计算,还被吉尼斯世界纪录认定为世界上最大的分布式计算项目。Folding@home 始终致力于通过模拟蛋白质折叠的过程了解某些疾病(如牛海绵状脑病、阿兹海默症、各种癌症及其相关综合征等)的起因和发展。

相关数据显示,该项目已经可以对长达 5 秒的蛋白质折叠的过程进行模拟,达到了之前预计的可模拟时段的数百万倍,而且其计算能力总和更是可以排到全球超级计算机的前十名。

在进行运算时,Folding@home 的客户端使用了已经修改过的四款分子模拟程式——TINKER、GROMACS、AMBER、CPMD,可以在许可的情况下不断优化,并加快运算速度。

因为 Folding@home 的计算原理是高密度分子动力学,所以在 CPU、GPU 等硬件方面的资源消耗非常大。另外,在计算分子之间长程力的影响下,Folding@home 计算代码中的代码条件分支也变得十分常见,对 GPU 着色器的灵活度也提出了越来越高的要求。

Folding@home 对 GPU 提出了许多考验,其中最大的一个考验就是流处理器的计算自由度。在这种情况下，GPU 不仅要拥有更强大的调度能力，还要拥有更完善的缓存体系。

作为一个分布式计算项目，Folding@home 的客户端正在被世界各地的人们下载，这样一来，世界上最大的"超级计算机"就可以构成。而且，每一台参与的计算机都会推动 Folding@home 项目的成功，从而使一些重大疾病可以被尽快攻克。

不过，对于 Folding@home 而言，构成"超级计算机"的每一台计算机节点也很可能会对运算结果的准确性造成影响。只要发生了单点故障，那该项目就会计算出错误的结果，而且还很难被发现。利用区块链代替"超级计算机"进行计算可以排除单点故障，这值得区块链创业企业深入研究。

2. 分布式运算超过计算机

对蛋白质折叠的过程进行模拟需要非常大的算力，然而，尽管人们对计算资源的需求量不断增加，很多电脑还依然处于闲置状态。那么，究竟如何才能更合理并高效地利用闲置的算力呢？

区块链就可以在搭建一个分布式网络的基础上有效解决这一难题。SETI@home 计算资源共享平台虽然已经存在了很多年，但事实证明，在进行任务分配和管理时，该平台还是无法离开中心化架构，这就让事情变得越来越复杂。

举一个非常简单的例子，互联网的中心化云计算就不是最佳解决方案。在互联网的中心化云计算系统中，边缘云设备会不断生成数据，而数据处理则需要应对各种各样的挑战，如信号冲突、网络不通畅、地理距离、往返延时等。设备与设备之间必须进行实时计算资源交易，才有利于计算负荷的分散。

有时，中心化架构可能会直接拒绝一些软件的产品线，如分布式应用等，这就在一定程度上导致了分布式人工智能、雾计算、平行流数据处理无法实现。例如，分布式应用这种等级的应用非常具有挑战性，因为这些应用既属于算力密集型，也属于数据密集型，与中心化基础设施无法高度契合。

鼓励资源共享是中心化模式的另一个问题。纵观虚拟化技术近一二十年的发展就可以知道，在数据中心或者个人计算机中搭建环境都是比较简单的，但要真正实现出租硬件还是很困难的。由于对供应商的设备进行对比是一个复杂的过程，找到最契合任务的解决方案将会花费很多时间，同时也需要非常强的专业性。

另外，在支付方面的主要问题有两个，一个是如何确定参与者已经执行了任务；另一个是如何保证算力提供者了解了交换价值。如果是和受信任的机构进行合作，那这些问题就都容易解决，但如果是硬件和算力参差不齐的节点，那情况就会变得非常复杂。

利用区块链构建的分布式计算机网络有利于实现共享经济，如此一来，拥有电脑的人就可以将闲置的算力出租出去，从而获得盈利。区块链和分布式账本的点对点特性还能拉近提供算力的设备与数据来源之间的距离，避免提供算力的设备与云设备之间的往返延时。

可以预见，未来，人类对算力的需求会越来越大，而现有云服务器还不确定是不是可以通过升级满足人类在算力方面的需求。不过，值得欣慰的是，区块链可以实现传统技术没有办法实现的一些事情。

必须承认，只要区块链成功应用于分布式运算，那就会出现很多可以代替Folding@home的新项目，与此同时，蛋白质折叠的研究也会越来越深入、越来越出色。

第 12 章 区块链未来前景分析

最近几年，包括高盛、阿里巴巴在内的很多巨头都纷纷进军区块链行业。这些巨头为什么蜂拥而至地进入区块链行业？因为这个行业有广阔的发展空间。未来，在区块链的助力下，很多问题都可以解决，一些传统行业也将焕发新的生机。

12.1 区块链将定义新格局

随着区块链的不断发展，其对各行各业的影响越来越深刻。在区块链的影响下，经济将转型升级，互联网领域会发生巨大变化，传统行业可以迎来更多的生存机会。与此同时，各种交易将变得更智能，一个全新的数字化、自动化世界将会诞生。

12.1.1 区块链驱动经济转型升级

单从表面来看，经济转型升级似乎和区块链并没有太密切的联系，但其内在逻辑却可以帮助个人和企业立足当下、迎接未来。如果我们把每个个体都当成一个财富点,然后将其按照年龄、性别、地域、文化水平等因素进行分类,那么其做出的花钱、挣钱等行为可以使财富在社会上流动起来,这是一个简单的经济转型升级的形式。

经济转型升级的形式并不单一,而是多种多样的,主要包括如图 12-1 所示的 3 种。

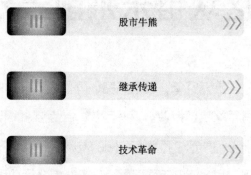

图 12-1 经济转型升级的 3 种形式

在上述 3 种形式中,最具代表性的应该是技术革命,因为每发生一轮大的技术革命,都会有一个新的时代被开启,随之而来的还有大规模的财富转移。

目前,区块链已经站在了转角的十字路口,对于想要掘金的个人和企业而言,很多应用基本会在前面的 5 年完成。在 2018 年,无论是区块链,还是与区块链息息相关的数字货币都以迅猛的态势发展了起来,个人和企业蜂拥而上,并对更多的行业和领域产生了影响。

这就是趋势的力量,如果个人和企业没能及时跟进,就会被远远地甩到后面,甚至还会被无情淘汰。自从区块链出现后,经济结构就有了非常大的转变,个人应该摒弃原来的思维,而企业则应该摒弃原来的商业模式和业务模式。这样才可以满足新经济结构的要求,从而尽快成为区块链生态系统上的新节点。

12.1.2 区块链与互联网金融碰撞出火花

区块链已经在多个领域成立了研发项目，并展现出了大好前景。其中，区块链在互联网金融领域的表现备受期待。对此，很多专家都认为，区块链在互联网金融领域大有可为，并且成本将低于传统模式。

在谈论区块链对互联网金融的洗礼之前，我们先看看互联网金融的产品形态。当前互联网金融的产品形态多种多样，下面从四个角度进行分析。

一是互联网金融基础性服务配套设施。互联网金融基础性服务配套设施主要包括以大数据为核心的营销、征信、风控系统、以阿里云为代表的云服务和云计算系统，以及以网络支付为代表的三方支付系统。

二是互联网化的传统工具应用服务。互联网化的传统工具应用服务主要包括供应链金融系统、网络借贷系统、小贷系统、众筹系统、第三方支付系统、理财超市系统、大宗产品交易系统、股票期货系统、贵金属实盘系统、财经数据系统、在线博彩系统。

三是"互联网+金融"的具体业态。"互联网+金融"的具体业态包括"互联网+银行""互联网+基金""互联网+券商""互联网+基金""互联网+保险"等借助互联网开展的新业态。

四是附属服务。互联网金融附属服务包括应用安全检测、金融信息安全检测、门户咨询、不良资产处置、咨询服务、法律与资产评估、审计与信用评级、公证与工商金融资质代办服务等。

然而，这些都是现在的产品形态，当区块链应用于互联网金融，互联网金融将构建一个"无须第三方中介信任的理想世界"。不仅如此，与传统模式相比，区块链在股权交易领域的应用也会更有优势。

第一，数字股权凭证是一种创新的信任方式。股权转让将会因为独特标识符和数字股权凭证的使用变得更便捷，有利于增强股权的流动性。另外，数字股权凭证便于监管，也易于扩展支持股权交易的合规性。

第二，区块链的记账方式使股权交易更透明，有利于企业和持股人追踪信息。基于区块链进行的股权交易将会变革数据管理和共享。企业和持股人可以通过数字身份凭证在权限管理体系中读取特定信息。

第三，区块链让清算和结算更高效。利用区块链进行股权交易具有多方协作的优势，这种优势使清算和结算更高效。

第四，区块链的安全性好、成本低。传统的股权交易系统安全性不好，因此，为了保障交易安全，需要在数据库、防火墙、运维等方面投入大量资金。而利用区块链进行股权交易则可以保障交易安全，降低交易成本。

区块链在互联网金融领域的发展正在进入新阶段，各种应用将越来越深入，互联网金融领域发生的变革也会越来越受人瞩目，形成一股新潮流。最终，由互联网金融领域形成的区块链潮流将会影响其他领域，直至重新定义世界。

12.1.3 传统行业如何应对区块链

自从区块链出现以后，传统行业便不能再像之前那样，只注重商业模式和产业运作方式，而是应该思考更深层次的问题，例如，怎样才可以提高产业运作方式的效率？现有商业模式是不是符合新时代的要求？

很多专家和学者认为，区块链其实是第二代互联网，拥有改革货币、洗牌传统行业的强大潜力。在这种情况下，传统行业应该认清并抓住区块链带来的新机遇，同时还要对其中的风险进行谨慎评估，从而提升自身的竞争力。

目前，无论是国内还是国外的企业，都非常关注区块链。例如，京东与多个部门（如国家质检总局、农业部、工信部等）达成合作，共同使用区块链搭建防伪追溯平台；区块链租房应用平台在雄安新区建成；腾讯云正式发布《区块链 TBaaS 白皮书》，对区块链在物联网领域的应用进行了大胆设想和深入阐述。

此外，为了提高运营效率，降低运营成本，很多跨国企业也开始在区块链上积极布局，下面以三星和马士基为例进行详细说明。

在很早之前，三星就已经有了研发区块链总账系统的计划，这个计划一旦变成现实，企业支付的运费将大幅度削减。三星是世界上规模非常大的智能机和半导体制造商，在管理供应链网络时很可能会使用加密货币背后的先进技术。

三星已经有了开发区块链总账系统的机会，该计划的目的是对全球产品的运送进行监控，以便最大限度地削减运费。三星是第一批认真计划在日常运营中使用分布式总账系统的制造商之一，这对传统制造行业的供应链产生了影响。

海运行业巨头马士基企业与 IBM 合作，携手将区块链应用于海运管理。众所周知，IBM 始终致力于区块链的开发，马士基与其合作以后，海运管理发生了不小的变化。

马士基总部位于丹麦的哥本哈根，于 1904 年正式成立，发展到现在，其旗下的办事机构已经遍及全球 135 个国家，工作人员数量也已经超过 85 000 人，在码头运营、集装箱运输、石油和天然气开采与生产、物流、航运等多项活动中为客户提供最优质的服务。

马士基虽然是海运行业的巨头，但也面临着一些制约其发展的问题，其中最突出的一个是文件与合同的管理特别麻烦。管理文件与合同的过程非常烦琐，从而导致了耗时长、效率低、质量差等问题的出现。然而，自从马士基与 IBM

合作以后，区块链就被应用于文件与合同的管理项目，使这方面的工作效率有了很大的提高。

可以看到，无论是作为传统制造行业代表的三星，还是作为传统海运行业代表的马士基，都受到了区块链的恩惠，包括相关成本的降低、工作效率的提升、工作时间的缩短等。这些也都在一定程度上表示区块链有很大的潜力，可以帮助传统行业重新洗牌。

12.2 区块链未来前景

区块链具有良好的兼容性，不会大幅度改动现有的基础设施。换句话说，企业只需要在小规模、小面积改动的基础上就可以引入该技术。基于这种兼容性，区块链的未来前景被看好。不过，区块链人才与监管的重要性不能被忽视。

12.2.1 重视数字化的个人资产

当前，区块链已经走进了我们的日常生活，具体表现在以下三个方面。

1. 个人资产逐渐走向数字化

无论是银行卡里面的钱，还是支付宝、微信里面的钱，本质上都是一堆"数字"。数字货币与人们的生活密切相关，很多人已经习惯了用支付宝、微信等电子支付平台进行支付，个人资产的数字化已经成为不可逆的发展趋势。

2. 区块链具有多种特性

自 2009 年诞生以来，比特币已经稳定运行了十余年，其虽然遭受了无数次的攻击和破解，但依然以一种稳定的状态向前发展，这得益于区块链的优势。

区块链的去中心化分布式存储能够确保即使个别节点的信息被篡改，也会因为校验不具备效力而被全网剔除。

另外，在区块链上进行的资产交易可以十分迅速，而且，如果有人想对某个数据进行篡改，那就必须将其后的数据一起篡改才可以保证整个交易链条的完整性和有效性。不过，在共识机制的作用下，这几乎是不可能完成的事。

无论是将资产发行到区块链上，还是交易所里，都可以挂牌交易。对于那些必须实名认证的交易型资产，用户在操作时必须拥有实名认证的个人账户，并通过数字签名认证。此外，将资产发行到区块链上可以签署智能合约，使交易在达到条件的情况下自动执行。

3. 区块链数字资产是一种必然

资产登记中心、证券交易所的数据库都是中心化的，一旦受到不法分子的蓄意攻击就会产生严重后果。去中心化的区块链在这些金融机构的应用可以有效规避数据库运行的风险。区块链的节点会同时运行并相互钳制，一个节点被攻击并不会对其他节点的安全性造成威胁。从安全性方面考虑，去中心化的区块链数据库更能保证资产的安全。

区块链具有公开性和不可篡改性，能够保证资产的真实性。同时，区块链中记录的数据都是可以追溯的，这样既使资产在流转的过程中出现了问题，各交易方也可以通过记录对其进行溯源，进而准确发现问题所在。

12.2.2　从探索阶段进入商用阶段

区块链作为一种极具创新性的技术，要想实现收益，必须尽快进入商用阶段。虽然这样的目标还没有完全实现，但可以作为企业和社会努力的方向。为了让区块链平稳地从探索阶段进入商用阶段，企业有必要取得政府、监管部门的支持，并与其建立密切的互信关系。

在这一方面，Coinbase做得比较不错。首先，Coinbase依法申请并获得了纽约的数字货币许可证；其次，美国金融犯罪执法网也承认了Coinbase的地位，允许其进行数字货币相关业务；最后，Coinbase严格遵守相关政策的规定。

由此可见，Coinbase是一个遵纪守法的区块链企业，这有利于加深其与政府、监管部门之间的互信关系。在这样的互信关系下，Coinbase的风险可以降到最低，用户及为Coinbase投资的投资人也可以更放心。

另外，Coinbase还严格按照KYC规则（know-your-customer规则，了解你的用户规则）和反洗钱政策做事。一方面，Coinbase会对用户的身份进行认定，并核实用户的信用情况；另一方面，Coinbase会全程追踪数字货币的交易往来。

虽然Coinbase十分强调合规与合法，但对政府、监管部门提出的无理要求也不会盲目顺从。例如，美国税务局曾经以调查逃税为由，要求Coinbase提交用户的交易数据，但遭到了Coinbase的拒绝。在法庭上，Coinbase赢得了部分胜利，最后只需要向美国税务局提交一部分用户的交易数据即可。

对于Coinbase这种十分注重用户隐私的区块链企业而言，这个结果并不是最好的。但幸运的是，Coinbase仍然保护了绝大多数用户的交易数据，而且也没有与美国税务局闹得太僵，双方的关系没有受到太严重的影响。

12.2.3　区块链人才的重要性不断攀升

相关数据显示，近几年，市场对区块链人才的需求正在变得越来越迫切，但现实情况则是区块链人才的总量比较少。对于区块链企业来说，赢得竞争的关键在于不断提升技术水平，招揽和培育更多的技术型人才。只有这样，区块链企业才可以牢牢抓住市场，为市场提供技术支持，进而使区块链应用得到进一步扩展。

如今，区块链企业对区块链人才的拼抢已经十分激烈，为了招揽更多的区块链人才，区块链企业并不吝惜为其提供百万元甚至千万元的年薪。但不得不说，在区块链成为行业标配的同时，区块链人才也变得可遇不可求。

现在，市场上一共有三种类型的区块链人才。首先，高级区块链人才，他们可以自己做区块链框架和前沿性研究。在全球范围内，这种类型的区块链人才都是非常稀缺的。

其次，中级区块链人才，他们也许不可以自己做区块链框架，但可以在比较流行的区块链框架上完成适配和改进，并对区块链项目进行定制化调整。随着培育体系的不断完善，这类区块链人才的数量有了一定程度的增多。

最后，低级区块链人才，他们只可以在已有区块链框架的基础上进行参数调整，这类区块链人才的数量比较多。而且，即使是从来没做过与区块链相关工作的人，通过听公开课或培训也可以完成这样的工作。

在上述三种类型的区块链人才中，高级区块链人才是当前最稀缺的，也是最具价值的。因为他们可以帮助区块链企业解决根本性问题，并推动区块链的不断完善和进步。因此，为了更好地迎接未来，区块链企业最应该做的事就是招揽和培育更多的高级区块链人才，这虽然会花费一定的成本，但获得的回报也将十分可观。

12.2.4 监管活动是一把双刃剑

区块链是一项新技术，处处散发着"新"的味道，并没有任何法律法规的先例可以遵循。在这种情况下，很多服务提供商及设备制造商都不愿意，甚至不敢去轻易引入区块链，从而使区块链的落地面临严峻挑战。

那这个严峻挑战应该如何应对呢？首先从一个比较简单的例子入手。假设植入患者身体的医疗设备出现了问题，并让患者遭受了严重的伤害，谁来负责？设备制造商？还是物联网平台？如果物联网平台是以区块链为基础的，那么其运行就会比较分散，而且缺少控制实体，在查明和确定责任方时会比较困难。要想解决这个问题，物联网平台就必须认真审查责任分配情况，同时还要对区块链以外的智能合约行为进行规范。

此外，对区块链的监管也非常重要，我国在这方面表现得非常不错，不仅做到了严格监管，还给予了相应的支持。我国为新业态提供了更多可能性，让区块链创新与各行各业融合共生。例如，央行主导部分重大研发；工信部发布了区块链分布式账本的技术参考架构；政府支持科技创新企业成为大数据、人工智能、云计算、区块链等技术的研发主体；区块链联盟组织在我国不断显现，主要有分布式总账基础协议联盟、金融区块链合作联盟等。

与此同时，我国也重视对高风险行业进行合理引导与风险管控，如区块链金融、数字金融、智慧金融、大数据金融等。央行等七部委联合发布了《关于防范代币发行融资风险的公告》，规定在交易平台上不得从事法定货币与"虚拟货币"之间的兑换业务。

很显然，要想使区块链顺利落地，法律法规必须足够完善。因为只有区块链被国家重视起来，企业才有勇气和胆量对其进行研发、创新。